Tektonische Strukturen und ihre Interpretation – Ein Bildatlas

Werner von Gosen · Georg Kleinschmidt ·
Claus-Dieter Reuther(†) · Franz Tessensohn(†)

Tektonische Strukturen und ihre Interpretation – Ein Bildatlas

Springer Spektrum

Werner von Gosen
Geozentrum Nordbayern,
Friedrich-Alexander-Universität
Erlangen-Nürnberg
Erlangen, Deutschland

Claus-Dieter Reuther (†)
Geologisch-Paläontologisches Institut
Universität Hamburg
Hamburg, Deutschland

Georg Kleinschmidt
Institut für Geowissenschaften
Goethe-Universität
Frankfurt am Main, Deutschland

Franz Tessensohn (†)
Adelheidsdorf, Deutschland

ISBN 978-3-662-48239-1 ISBN 978-3-662-48240-7 (eBook)
https://doi.org/10.1007/978-3-662-48240-7

Die Deutsche Nationalbibliothek verzeichnet diese Publikation in der Deutschen Nationalbibliografie; detaillierte bibliografische Daten sind im Internet über http://dnb.d-nb.de abrufbar.

Einbandabbildung: Franz Tessensohn

Planung: Merlet Behncke-Braunbeck, Sarah Koch
Springer Spektrum ist ein Imprint der eingetragenen Gesellschaft Springer-Verlag GmbH, DE und ist ein Teil von Springer Nature.
Die Anschrift der Gesellschaft ist: Heidelberger Platz 3, 14197 Berlin, Germany

Vorwort

Die Idee für diesen Atlas hatte unser Kollege Claus-Dieter Reuther, der auch zusammen mit dem Verlag die erste Konzeption und das Layout entwickelte. Nach seinem unerwarteten, plötzlichen Ableben führen wir nun mit einem veränderten Team in seinem Sinne und ihm zu Ehren das Projekt fort.

Für vielfältige Unterstützung, vor allem für die bereitwillige Überlassung von eigenen Fotografien, danken wir herzlich folgenden Kollegen: T. Buckingham (Geopark Sardona, Schweiz), W. Buggisch (†) (Erlangen), C. Gaedicke (Hannover), G. Gutiérrez-Alonso (Salamanca, Spanien), M. Huch (Adelheidsdorf), M. Mertineit (Hannover), S. Neben (†) (Hannover), P. Pickelmann (Darnewitz), K. Piepjohn (Hannover), L. Reinhardt (Hannover), V. Reuther (Hamburg), J. Rohn (Erlangen), W. Schiller (Frankfurt) und G. Zulauf (Frankfurt).

Einige der Fotografien stammen aus früheren Publikationen der Autoren. Für die jeweilige Zustimmung zur Verwendung danken wir den im Nachweis bereits publizierter Abbildungen aufgelisteten Verlagen. Das gleiche gilt für unsere meist modifizerte Nutzung von publizierten Abbildungen anderer zitierter Autoren. Ein besonderer Dank gilt auch für die erteilten Erlaubnisse zur Verwendung von Original-Abbildungen.

Für die kritische Durchsicht des Manuskripts schulden wir den Herren Prof. Dr. W. Buggisch (†) und Prof. Dr. G. Zulauf besonderen Dank. Ihre Korrekturen, Anmerkungen und Verbesserungsvorschläge haben zum Gelingen des Buches beigetragen.

Der Springer-Verlag unterstützte von Beginn an aktiv dieses Buchprojekt. Dafür und für die gute Zusammenarbeit mit vielfältigen Ratschlägen und Tipps danken wir besonders Herrn C. Iven, Frau M. Behncke-Braunbeck, Frau Dr. S. Koch, Frau S. Adam und Frau E. Ernst. Der Verlag stellte außerdem Original-Abbildungen von C.-D. Reuther zur Verfügung.

September 2018

Werner von Gosen
Georg Kleinschmidt
Franz Tessensohn

2. Vorwort

Anfang September 2018 teilte Franz Tessensohn uns, seinen Koautoren, mit, dass er aus gesundheitlichen Gründen nicht mehr voll engagiert an unserem Bildatlas „Tektonische Strukturen und ihre Interpretation“ mitarbeiten könne. Wir haben ihn seither laufend über den Fortgang der letzten Abschlussarbeiten informiert, und er hat uns weiterhin mit konstruktiven Ratschlägen weitergeholfen. Obwohl wir von F. Tessensohns schwerer Erkrankung wussten, hat uns die Nachricht von seinem Tod am 9. März 2019 tief getroffen. Denn unsere gemeinsame Arbeit an dem tektonischen Bildatlas hat uns drei trotz vieler gemeinsamer früherer Arbeiten und Erlebnisse in Studium, Berufsleben und auf Expeditionen nochmals sehr fest zusammengeschweißt. Seit 2013 haben wir drei uns halbjährlich 2–3 Tage lang im Wechsel bei F. Tessensohn, bei W. von Gosen oder bei G. Kleinschmidt zu Arbeitssitzungen getroffen. Diese Treffen waren unserer Ansicht nach die fruchtbarsten wissenschaftlichen Diskussionen, die wir je erlebt haben – und Franz Tessensohn war sicherlich unser Hauptdiskutant: alles hinterfragend, kritisch, selbstkritisch und Kritik akzeptierend. Bei unseren Diskussionen spielten auch seine Kenntnisse der Sedimentologie (u. a. Sedimentstrukturen und „Flysch“) eine große Rolle.

Noch vor dem 9. März 2019 konnten wir Franz Tessensohn dann telefonisch mitteilen: Alles fertig! Alles endgültig beim Springer-Verlag! Wir sind Franz Tessensohn für seinen unschätzbaren Beitrag zu unserem Bildatlas zu höchstem Dank verpflichtet. Ohne sein Engagement hätte dieses Projekt nicht durchgeführt und abgeschlossen werden können.

Mai 2019

Werner von Gosen
Georg Kleinschmidt

Inhaltsverzeichnis

1 Einführung

Tektonische Deformationsstrukturen sind Ausdruck einer dynamischen Erde und Spuren von Bewegungen in der äußeren Gesteinshülle des Planeten, die aus unserer menschlichen Kurzzeitperspektive weitgehend starr und unbeweglich erscheint. Die Strukturen können als Detail-Komponenten der einengenden, dehnenden oder scherenden Bewegungen der Kontinentalplatten angesehen werden.

Wir haben uns bemüht, einen Kompromiss aus nötiger Fachkompetenz und verständlicher Darstellung zu erreichen. Das Buch wendet sich an Geologen aller Fachrichtungen und Studenten der Geowissenschaften, um Hilfe bei der Interpretation tektonischer Strukturen zu bieten, die bei der Geländarbeit oft in Aufschlüssen angetroffen werden. Es soll als bildliches Nachschlagewerk etwas Ordnung in die oft verwirrende Fülle dieser Strukturen bringen. Die Möglichkeit, farbige Abbildungen zu publizieren, bildet einen Fortschritt gegenüber früheren, überwiegend fremdsprachlichen Publikationen (vgl. z. B. Weiss 1972; Borradaile et al. 1982; Roberts 1989). Für interessierte Laien soll der Atlas eine bebilderte Übersicht über das strukturgeologische Feld der Geowissenschaften bieten. Im Anhang „Bewegungsindikatoren" sind typische Strukturen zusammengefasst, die Hinweise auf den jeweiligen Bewegungssinn geben können, ein wichtiges Argument für geologische Interpretationen.

Für das vorliegende Buch haben wir überwiegend eigene Farbfotografien von Strukturbeispielen aus vielen Regionen der Erde zusammengetragen. Wir haben uns dabei um Vollständigkeit bemüht, dennoch können einzelne Bildbelege aus der großen Fülle der Strukturen fehlen. Skizzen und Zeichnungen erläutern die Bildinhalte.

Der Atlas soll weder ein Lehrbuch noch ein tektonisches oder geologisches Wörterbuch ersetzen. Deshalb haben wir einführende Erläuterungen zu den Kapiteln möglichst kurz gefasst.

Im Text haben wir vorwiegend deutsche Fachbegriffe verwendet, gängige und international verbreitete englische Begriffe sind z. T. hinzugefügt. Nur wenn nach unserer Auffassung kein passendes und überzeugendes deutsches Äquivalent existiert, haben wir den englischen Begriff allein verwendet. Wir haben uns auf makroskopische und mesoskopische Strukturen konzentriert. Mikroskopische Strukturen wurden bewusst nicht berücksichtigt (vgl. dazu z. B. Passchier und Trouw 1996). Uns ist bewusst, dass unsere Gliederung nur eine mögliche von vielen ist.

Abb. 1.01: *Faltung in der Gebänderten Eisenerz-Formation (Banded Iron Formation – BIF) des Pilbara-Kratons. Angeschliffenes Handstück, Coppins Gap, Westaustralien.*

W. von Gosen et al., *Tektonische Strukturen und ihre Interpretation – Ein Bildatlas*, https://doi.org/10.1007/978-3-662-48240-7_1

Abb. 1.01 *Foto © C.-D. Reuther*

1.1 Vorbemerkungen

Bevor wir mit den eigentlichen tektonischen Strukturen beginnen, gehen wir auf eine Auswahl an Sedimentstrukturen ein, die bei steil stehenden Schichten ein wichtiges Hilfsmittel für die Analyse bilden (Abschn. 1.2). Wir stellen die Diskordanzen dar, die als Strukturen oft große Zeitlücken umfassen (Abschn. 1.3) und zeigen Beispiele von deformierten Fossilien, an denen sich der Grad der Verformung quantitativ messen lässt (Abschn. 1.4).

Als Muster und Vorlage für die Ziele dieses Buches dient uns ein klassischer Aufschluss im Ahrtal im Rheinischen Schiefergebirge. In devonischen Schiefern und Grauwacken von Altenahr hat Hans Cloos eine Spezialfalte im Detail analysiert (Cloos 1950), um daraus auf eine größere überörtliche Struktur zu schließen.

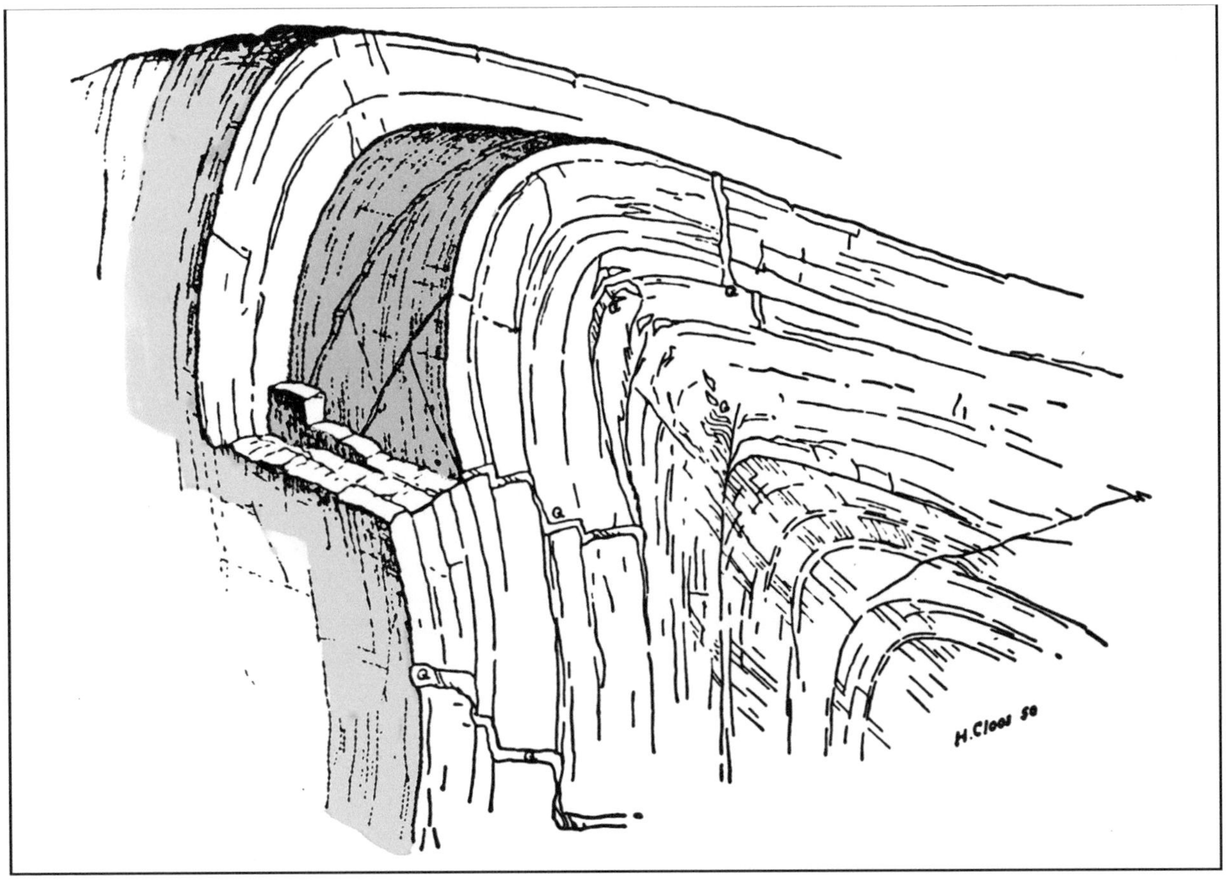

Abb. 1.02: Faltenanalyse einer Sattelstruktur aus dem Rheinischen Schiefergebirge, angefertigt von H. Cloos. Mittlere Siegener Schichten des Unterdevons. Ahrtal, Rheinisches Schiefergebirge (aus Cloos 1950).

Abb. 1.03: *Cloos-Falte in Altenburg (Altenahr). Die Falte ist heute randlich etwas überwuchert, und durch die Erosion ist das Gestein stärker verwittert. Hammer als Maßstab.*

Abb. 1.03 Foto © F. Tessensohn

1.2 Oben-unten-Kriterien

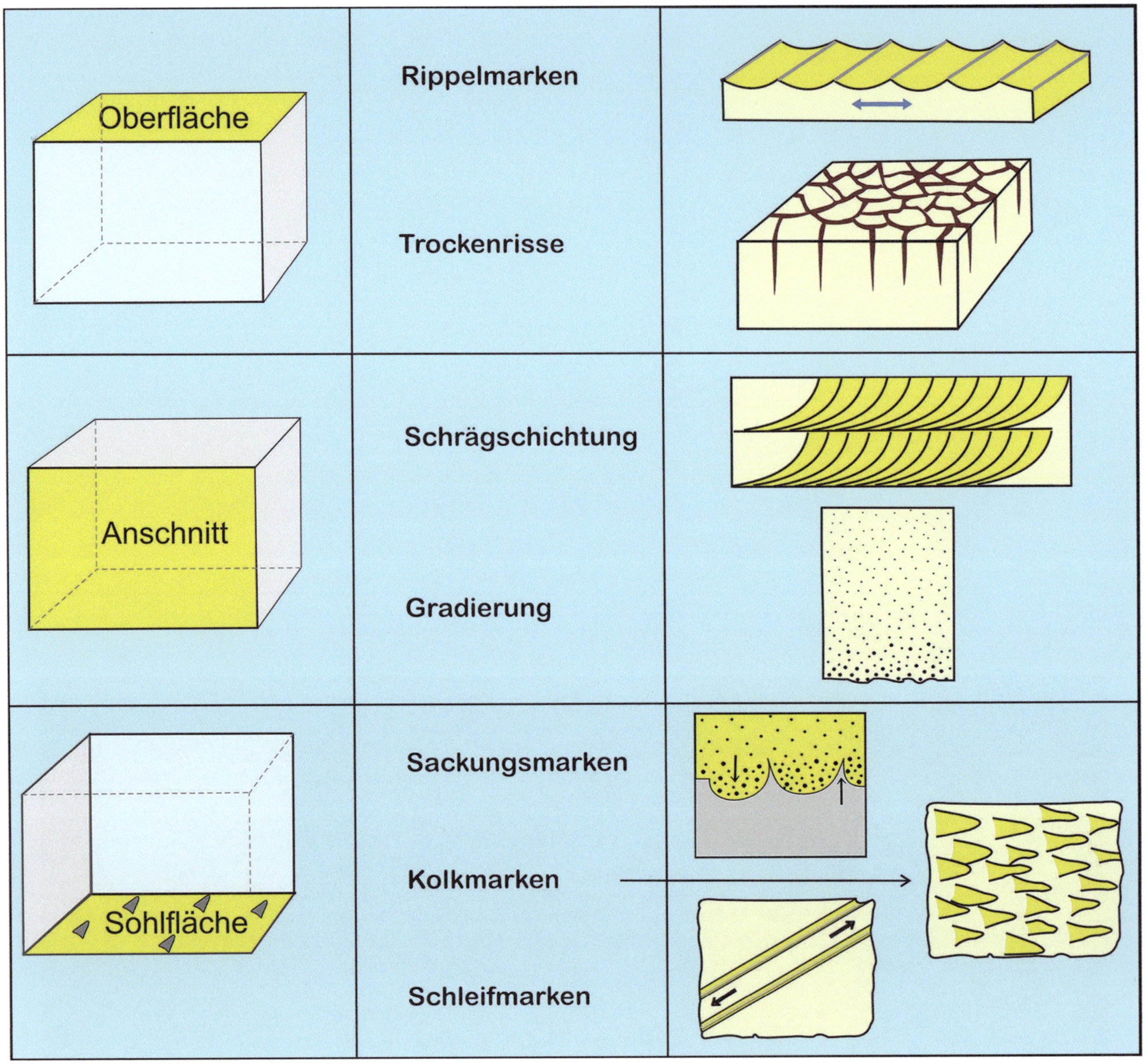

Abb. 1.04: Ausgewählte sedimentologische Oben-unten-Kriterien zur Lage eines Schichtverbands, sortiert nach der Position im Schichtstoß. Sie ermöglichen die Rekonstruktion der ursprünglichen Lagerung in verstellten Schichtfolgen.

Abb. 1.05: *Rippelmarken an der Bankoberseite eines ordovizischen Sandsteins. Otter Highlands, Shackleton Range, Antarktis.*

Abb. 1.06: *Trockenrisse in toniger Lage des Buntsandsteins (Bankoberseite). Rote und grünliche Tone sind beim Austrocknen in Form eines Netzmusters aufgeplatzt. Die Risse wurden mit Sand aus der überlagernden Schicht gefüllt. Sollingfolge, mittlerer Buntsandstein. Karlshafen, Weserbergland.*

Abb. 1.05 *Foto © F. Tessensohn*

Abb. 1.06 *Foto © F. Tessensohn*

Abb. 1.07: *Schrägschichtung in fluviatilem Sandstein. Am Hammerkopf wird ein unteres Set aus schräg geschichteten Lamellen durch ein höheres Paket gekappt. Buntsandstein von Estellencs, Serra de Tramontana, Mallorca, Balearen, Spanien. (Die gelben Pfeile in den Abb. 1.07–1.09 zeigen zum stratigraphisch Hangenden).*

Abb. 1.08: *Gradierte Schichtung an der Basis einer turbiditischen Sandsteinbank. Die gröbsten Körner liegen an der Basis (am Taschenmesser). Banyalbufar-Formation, Langhium, Mittelmiozän. Küste bei Banyalbufar, Mallorca, Balearen, Spanien.*

Abb. 1.09: *Gradierung im Hornfels. Die steil einfallende Schichtung wird durch den wiederholten Übergang von hellgrauen sandig-siltigen Partien im Wechsel mit dunklen pelitischen Lagen (jeweils links) abgebildet. Das kontaktmetamorphe Wachstum von Biotit und Andalusit in den pelitischen Anteilen täuscht eine entgegengesetzte Gradierung vor. Die Schichten sind jedoch überkippt, stratigraphisch oben ist links (gelber Pfeil). La Lidia-Simbol Huasi Formation (Neoproterozoikum–Unterkambrium). Sierra Norte de Córdoba, Sierras Pampeanas, Argentinien.*

Abb. 1.07 *Foto © F. Tessensohn*

Abb. 1.08 *Foto © F. Tessensohn*

Abb. 1.09 *Foto © W. von Gosen*

Abb. 1.10: *Sackungsmarken an der Unterseite einer Turbiditbank. Diese ungerichteten Sohlmarken entstehen durch die Belastung des unterlagernden Tons durch die schnell abgelagerte Sandmasse des Turbidits. Turbidite der Kulmfolge, Namur. Els Alocs, Menorca, Balearen, Spanien.*

Abb. 1.11: *Senkrecht stehende Schichtung in psammitisch-pelitischer Wechsellagerung. Die helle sandige Lage im Zentrum des Fotos ist synsedimentär in die dunkle tonige Lage (links) eingesackt. Diese Sackungsmarken (*load *casts) markieren die sedimentäre Basis. Stratigraphisch oben (gelber Pfeil) ist rechts. San Luis Formation (Neoproterozoikum–Unterkambrium). Sierra de San Luis, Sierras Pampeanas, Argentinien.*

Abb. 1.10 *Foto © F. Tessensohn*

Abb. 1.11 *Foto © W. von Gosen*

Abb. 1.12: *Kolkmarken (flute casts) an der Basis einer Turbiditbank. Diese Sohlmarken kennzeichnen, wie schon der Name sagt, immer die Unterseite einer Bank. Die Transportrichtung (gelber Pfeil) ist immer von schmal und tief zu breit und flach orientiert. Turbidite der Kulmfolge, Namur. Binisuess, Menorca, Balearen, Spanien.*

Abb. 1.13: *Schleifmarken an der Basis einer Turbiditbank. Auch die Schleifmarken gehören zu den Sohlmarken von Turbiditen auf der Schichtunterseite. Schleifmarken zeigen die Transportrichtung an, nicht aber den Sinn (gelber Doppelpfeil). Turbidite der Kulmfolge, Namur. Binisuess, Menorca, Spanien.*

Abb. 1.12 *Foto © F. Tessensohn*

Abb. 1.13 *Foto © F. Tessensohn*

1.3 Diskordanzen

Diskordanzen sind nicht-tektonische Flächen, die Schichtpakete mit unterschiedlichem Einfallen voneinander trennen. Sie umfassen in der Regel große Zeitlücken. Winkeldiskordanzen von flach lagernden Schichtpaketen über schräg bis steil gestellten liegenden Abfolgen weisen jedoch indirekt auf tektonische Ereignisse hin, die nur die Liegendschichten erfassten und deformierten. Danach erfolgte durch Hebung die partielle Erosion der Liegendfolge, bevor sie nach neuerlicher Absenkung vom Hangenden flach überlagert wurde. Winkeldiskordanzen können lokal durch Bruchtektonik entstehen, regional sind sie aber oft ein Hinweis auf gebirgsbildende Faltungsvorgänge, wie in unseren Beispielen.

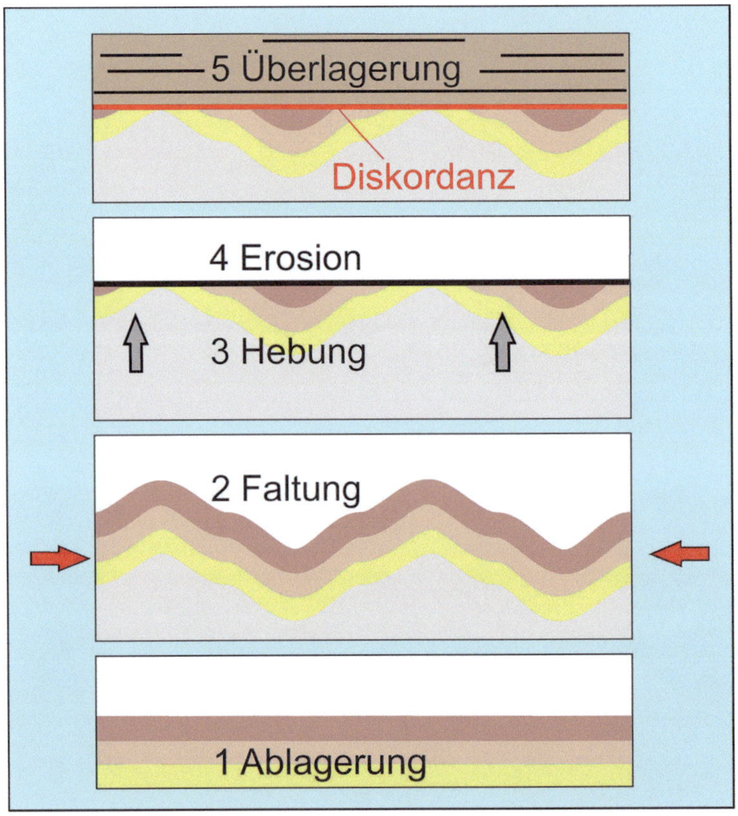

Abb. 1.14: Schema der Entstehung einer Diskordanz.

Abb. 1.15: *Diskordanz (unconformity) aus der Antarktis. Steil stehende dunkle Grauwacken-Schiefer-Folge des paläozoischen Ross-Orogens (~ 500 Ma) wird rechtwinklig überlagert von permischen Beacon-Sandsteinen der Gondwanaschichten. Der gelbe Rahmen zeigt die Position der Abb. 1.16. Der obere, senkrecht geklüftete Teil der Abfolge wird durch einen Lagergang (Sill) von Basalten des Jura gebildet. Unconformity Valley, Morozumi Range, Nordvictorialand, Antarktis. (Foto F. Tessensohn aus Tessensohn et al. 1981).*

Abb. 1.16: *Nahaufnahme der Diskordanz von Abb. 1.15. Die steil stehende Grauwacken-Schiefer-Folge (unten) ist unterhalb der Diskordanz durch permische Verwitterung gebleicht. Die diskordant auflagernde permische Schichtenfolge beginnt mit einer dünnen (dm-mächtigen), dunklen, tonigen Schicht, die als Bodenbildung interpretiert werden kann, gefolgt von Beacon-Sandsteinen. Ross-Orogen und Gondwanaschichten. Unconformity Valley, Morozumi Range, Nordvictorialand, Antarktis.*

Abb. 1.15

Foto © F. Tessensohn
aus Tessensohn et al. 1981

Abb. 1.16

Foto © F. Tessensohn

Abb. 1.17: *Hutton-Diskordanz, einer der klassischen Orte der Geologie. Dieser Aufschluss wurde bereits 1795 vom britischen Geologen James Hutton beschrieben. Relativ flach lagernde rote Sandsteinschichten (sog. Old Red Sandstone des Oberdevons) überlagern ältere, verfaltete, hier überwiegend senkrecht stehende Grauwacken (aus der Zeit des Silurs). Zwischen der Ablagerung beider Gesteinsserien fanden Verformung (kaledonische Faltung), Hebung und Abtragung der Silurschichten statt. Siccar Point, 55 km östlich Edinburgh, Schottland.*

Abb. 1.18: *Verbogene Diskordanz über Sanden mit eingeschalteten Kohlelagen (schwarz). Sie schneidet die Antiklinale im linken Teil des Aufschlusspanoramas (A) und wird selbst im rechten Abschnitt (B) zu einer offenen Synklinale gebogen. Panoramafoto der Margaret Formation (Paläozän–Eozän). Stenkul Fiord, Ellesmere Island, kanadische Arktis.*

Abb. 1.17 Foto © G. Kleinschmidt

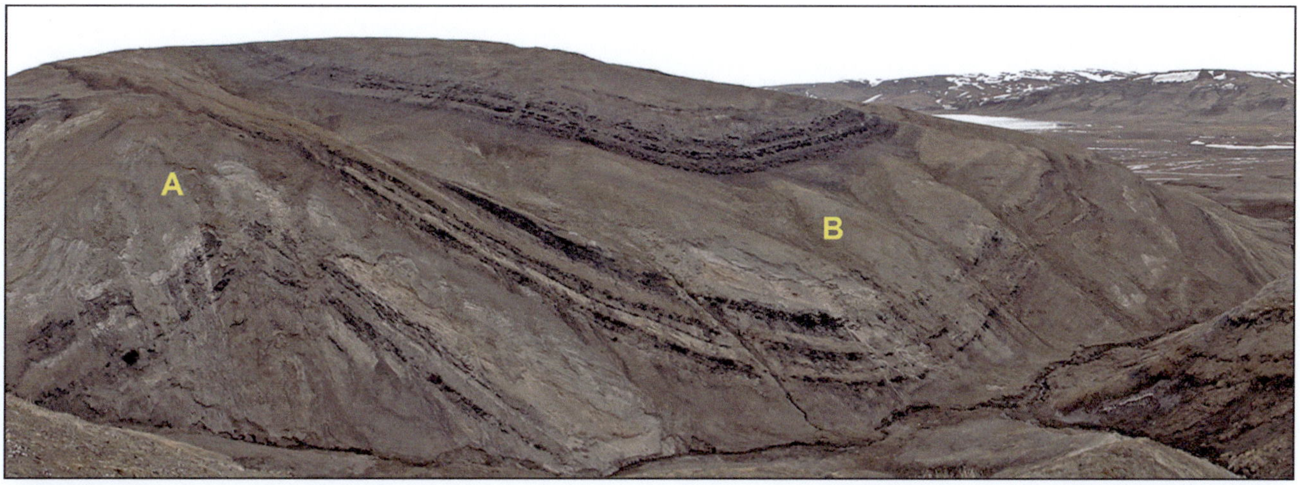

Abb. 1.18 Foto © L. Reinhardt

1.4 Verformung geologischer Objekte

Die Vermessung verformter Objekte mit unterschiedlichen Methoden (Strainanalyse) ermöglicht die Quantifizierung der internen Deformation des Gesteins (z. B. tektonische Kompression, Dehnung, Scherung). Damit lässt sich die Ausgangsform des Gesteins vor der Verformung rekonstruieren (vgl. auch Ramsay und Huber 1983).

Abb. 1.19: *Deformierter Trilobit. Mittelkambrische Tonschiefer nahe Mt. Provender, Shackleton Range, Antarktis.*

Abb. 1.20: *Deformierter Belemnit, Durchmesser 4 mm. Das Fossil wurde gestreckt und dabei zerrissen (boudiniert), die Zwischenräume sind mit neu gebildetem Kalzit verfüllt. Oberjura. Färnigen, Kanton Uri, Schweiz, Westalpen.*

Abb. 1.21: *Deformierte Korallen in der Scheitelzone einer Falte. Die ursprünglich kreisförmigen Korallen sind zu Ellipsen verformt worden. Orustdalen Formation, Unterkarbon, Küste südlich Marstrandodden, westliches Oscar II Land, Spitzbergen.*

Abb. 1.22: *Deformierte Brachiopoden. Der vorher symmetrische Spirifer ist durch Scherung verzerrt worden. Unterdevon der Dillmulde bei Haiger, Rheinisches Schiefergebirge.*

Abb. 1.19 *Foto © W. Buggisch*

Abb. 1.20 *Foto © W. Buggisch*

Abb. 1.21 *Foto © F. Tessensohn*

Abb. 1.22 *Foto © W. Buggisch*

Abb. 1.23: *Deformierte Kissenlava (Pillow-Lava) unbekannten Alters. Die ursprünglich rundlichen Pillows wurden tektonisch zu linsenförmigen Körpern umgeformt. Robertson Bay Terrane. Unger Island, Nordvictorialand, Antarktis.*

Abb. 1.24: *Deformierte Pillow-Lava paläozoischen Alters. Diabas-Pillows mit Resten alter Abschreckungssäume (hell) sind unter tektonischer Kompaktion und Scherung in ihren Umrissen verzerrt worden. Ebriach-Klamm, Ostkarawanken, Österreich, Ostalpen.*

Abb. 1.25: *Metapyroklastisches Gestein mit feldspatreichen Lapilli (hell), die bei der Deformation in der S_1-Foliation elongiert worden sind. Calcatapul Formation (?Silur – Devon). Quebrada Yancamil, Sierra de Calcatapul, Chubut-Provinz, Patagonien, Argentinien. (Foto aus von Gosen und Loske 2004, verändert).*

Abb. 1.23 Foto © F. Tessensohn

Abb. 1.24 Foto © W. von Gosen

Abb. 1.25 Foto aus von Gosen und Loske 2004, verändert

2 Klüfte, Spalten, Gänge

Klüfte, Spalten und Gänge sind Extensionsfugen im Gestein, an denen im Unterschied zu Störungen kein Versatz stattgefunden hat. Sie entstehen durch lokale oder regionale Spannungsfelder und können geschlossen, offen oder durch Mineralisationen, Magma oder Sedimente ausgefüllt sein.

Abb. 2.01: *Doleritgang durchschlägt diskordant schwach metamorphe Gesteine der präkambrischen Priestley Formation. Die schwarzen Ränder des Ganges sind abgeschreckt und daher feinkörniger. Terra Nova Bay, Nordvictorialand, Antarktis.*

W. von Gosen et al., *Tektonische Strukturen und ihre Interpretation - Ein Bildatlas,* https://doi.org/10.1007/978-3-662-48240-7_2

Abb. 2.01 *Foto © F. Tessensohn*

2.1 Klüfte

Klüfte sind feine Risse im Gestein, die durch Zugspannung, gelegentlich auch durch Scherspannung entstanden sind und an denen kein Versatz stattgefunden hat. Besenstrukturen zeigen die Ausbreitungsrichtung bei der Bildung von Klüften an.

Abb. 2.02: *Geklüftete Sandsteinfolge mit Besenstruktur (x). Flinders Range, Südaustralien.*

Abb. 2.03: *Klassisch ausgebildeter Kluftbesen, der anzeigt, dass sich die Kluft von rechts oben nach links unten entwickelt hat. Grauwacke der Robertson Bay Group (Kambro-Ordovizium). Victory Mountains, Transantarktisches Gebirge, Nordvictorialand, Antarktis.*

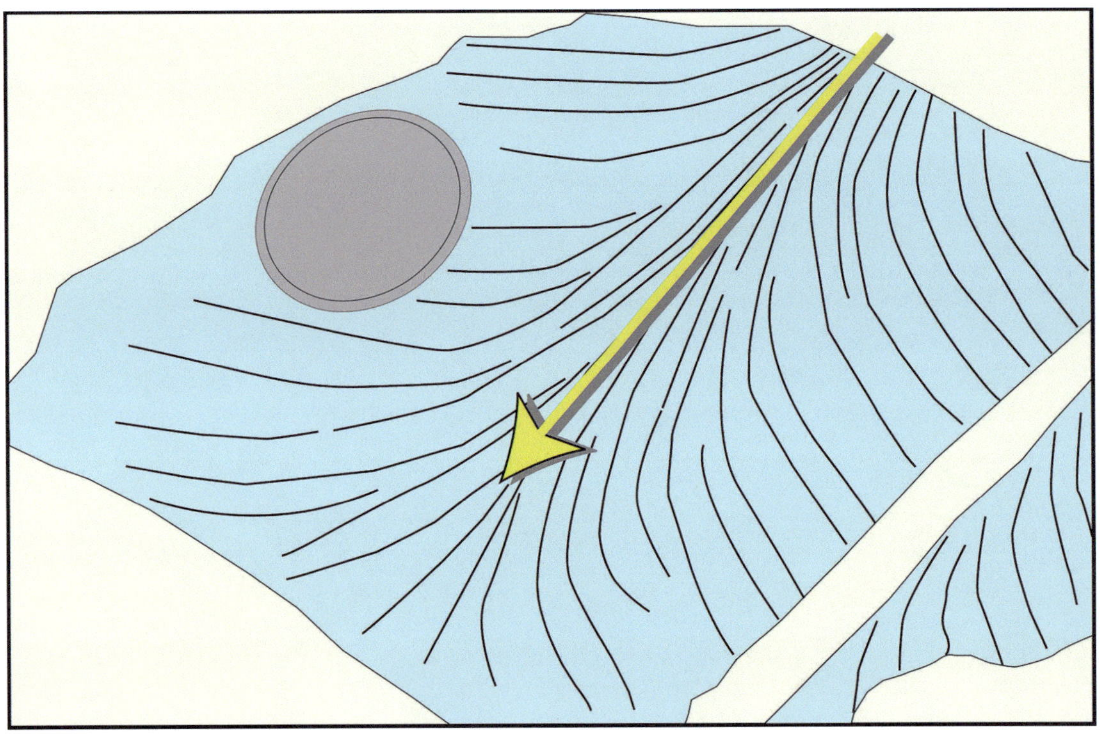

Abb. 2.04: Skizze zu Abb. 2.03.

Abb. 2.02 *Foto © C. -D. Reuther*

Abb. 2.03 *Foto © G. Kleinschmidt*

Eine spezielle Art nicht-tektonischer Klüfte sind Abkühlungs- oder Schrumpfungsklüfte, die zur Entstehung der sogenannten Basaltsäulen führen (vgl. Walker 1993). Die Säulen stehen senkrecht auf der Abkühlungsfläche, bei Lavaflüssen also meist vertikal, bei Förderschloten etwa horizontal. Sie sind nicht auf Basalt beschränkt, sondern kommen auch in anderen vulkanischen Gesteinen vor.

Abb. 2.05: *Durch Abkühlungsklüfte begrenzte Säulen in Tholeiitbasalt der paläozänen nordatlantischen Thule-Provinz. Giants Causeway, Nordirland.*

Abb. 2.06: *Leicht gebogene Basaltsäulen. Horizontale Riefen auf einigen Säulen zeigen die schrittweise Kluftbildung während der Abkühlung an. Oberflächennaher basaltischer Lagergang miozänen Alters. Parkstein, Oberpfalz, Nordostbayern.*

Abb. 2.05 *Foto © G. Kleinschmidt*

Abb. 2.06 *Foto © M. Huch*

Kluftscharen bilden Netze von Rissen im Gestein, aus denen sich Spannungsrichtungen herleiten lassen.

Abb. 2.07: *Drei Kluftscharen auf einer Sedimentoberfläche. Die im Bild etwa horizontal verlaufenden Klüfte dürften Zerrklüfte sein. Die beiden diagonalen Scharen nach rechts, bzw. links unten sind wohl konjugierte Scherklüfte. Willouran, Karbonatfolge des Jungproterozoikums, delamerisch gefaltet. Flinders Range, Südaustralien.*

Abb. 2.08: *Verschiedene Kluftscharen, die von eisenschüssigen Lösungen benutzt wurden und deshalb besonders ins Auge fallen. Die relative Abfolge der Bildung ist unklar. Unter- bis mitteldevonische Turbiditfolge. Tirantbucht, Nordküste von Menorca, Balearen, Spanien.*

Abb. 2.07 Foto © G. Kleinschmidt

Abb. 2.08 Foto © F. Tessensohn

2.2 Spalten

Spalten sind Erweiterungen von Klüften zu offenen Gesteinsfugen, deren Wände meistens parallel verlaufen.

Abb. 2.09: *Aktive Spalte des mittelatlantischen Rückens auf Island. Tholeiitbasalt. Thingvellir, ca. 40 km ENE Reykjavik, Island.*

Abb. 2.09 *Foto © G. Kleinschmidt*

Abb. 2.10: *Satellitenbild eines offenen Spaltennetzes in einem Plateau von hellen Sandsteinen. Die Spalten sind so breit, dass sie durchwandert werden können. Das linke untere Viertel des Fotos ist fast so regelmäßig wie ein Stadtplan, auffällig sind dagegen Unregelmäßigkeiten am rechten Bildrand. Ursache des Spaltennetzes ist ein leicht abschüssiges Salzkissen im Untergrund, auf dem die hangenden Formationen langsam abgleiten. Das System ist aktiv (Kettermann et al. 2015). Cedar Creek Sandstone, unteres Perm. The Grabens, Canyonland National Park, Utah, USA.*

Abb. 2.11: *Mit Küstengeröllen gefüllte Spalte in hydrothermal veränderten, altquartären Tuffiten. Die rote Farbe geht auf Eisenoxide zurück. Nordwestspitze von Kap Vani, Insel Milos, Griechenland.*

Abb. 2.10 *Foto © Google Earth*

Abb. 2.11 *Foto © J. Rohn*

2.3 Gänge

Von Gängen spricht man, wenn Spalten durch Magma, Mineralisationen oder Sedimente verfüllt sind. Bei überwiegend schichtparalleler Lagerung spricht man von Lagergängen (Sills).

Abb. 2.12: *Lagergänge (Sills) der jurassischen Ferrar-Dolerite. Sie sind parallel zu den Schichtflächen in permotriassische Beacon-Sandsteine eingedrungen, haben eine schmale Sandsteinscholle angehoben und wechseln (am rechten Bildrand) das Intrusionsniveau. Dry Valleys, Südvictorialand, Antarktis.*

Abb. 2.13: *Dunkler magmatischer Gang schneidet mehrfach verfaltete Marmore. Der Gang ist von der Verfaltung nicht betroffen. Marmore der Paradisfjeld Group (Unterkambrium) südlich der Kap Cannon Thrust Zone. Lockwood Ø, Nordgrönland.*

Abb. 2.12 *Foto © F. Tessensohn*

Abb. 2.13 *Foto © W. von Gosen*

Abb. 2.14: *Granitische Gänge mit Apophysen in migmatitischen Gneisen. Metamorphose und Granitgangbildung gehören zur Ross-Orogenese (~ 500 Ma). Daniels Range, Transantarktisches Gebirge, Nordvictorialand, Antarktis.*

Abb. 2.15: *Granitgang (hell) durchschlägt dunkle Grauwacken. Der größere Gang ist gut 12 cm mächtig, der kleine rechts oben knapp 1 cm (Eispickel als Maßstab). Apophyse eines größeren Granitkörpers, der vor 360 Ma in kambrische Grauwacken intrudierte. Admiralty Intrusives, Griffith Ridge, Transantarktisches Gebirge, Nordvictorialand, Antarktis.*

Abb. 2.14 Foto © G. Kleinschmidt

Abb. 2.15 Foto © G. Kleinschmidt

Abb. 2.16: *Mehrere Generationen heller („saurer") und dunkler („basischer") Gänge. Person (Pfeil) als Maßstab. Der von links nach rechts einfallende Lagenbau des migmatitischen Grundgebirges wird u. a. durch helle granitische Gänge (I) nachgezeichnet. Ein dazu fast paralleler dunkler Gang (II) durchschneidet den Lagenbau spitzwinklig. Anschließend durchschlägt dies alles ein steil stehender, meter-dicker heller Gang (III) mit etlichen kleineren, unregelmäßigen Apophysen. Zahlreiche m- und dm-mächtige dunkle Gänge (IV) durchsetzen die Wand nahezu senkrecht und z. T. etwas unregelmäßig. Kristallines Grundgebirge, „Maud Belt" (grenvillisches Orogen). Straumsvola am Westrand von H.U. Sverdrupfjella, westliches Dronning Maud Land, Antarktis.*

Abb. 2.17: *Dunkler („basischer") Gang, der seinerseits von hellen („sauren") Gängen vom Nebengestein her durchschlagen wird. Person (Pfeil) als Maßstab. Dunkler Gang: Gabbro, Nebengestein: Granit, helle Gänge: granitisch (pegmatitisch). Granit und Gangbildungen gehören zur Ross-Orogenese (~ 500 Ma). Daniels Range, Transantarktisches Gebirge, Nordvictorialand, Antarktis.*
Die Gang-in-Gang-Bildung (Sederholm-Effekt: Eskola 1960; weiterführend Zulauf et al. 2021) ist wie folgt zu erklären: In den bei ca. 600 °C erstarrenden Granit drang basische, >1000 °C heiße Schmelze ein. Sie erstarrte bei knapp 1000 °C und hat dabei granitisches Material aus dem Nebengestein mobilisiert. Dieses konnte dann seinerseits das dunkle Ganggestein durchschlagen.

Abb. 2.16 Foto © G. Kleinschmidt

Abb. 2.17 Foto © G. Kleinschmidt

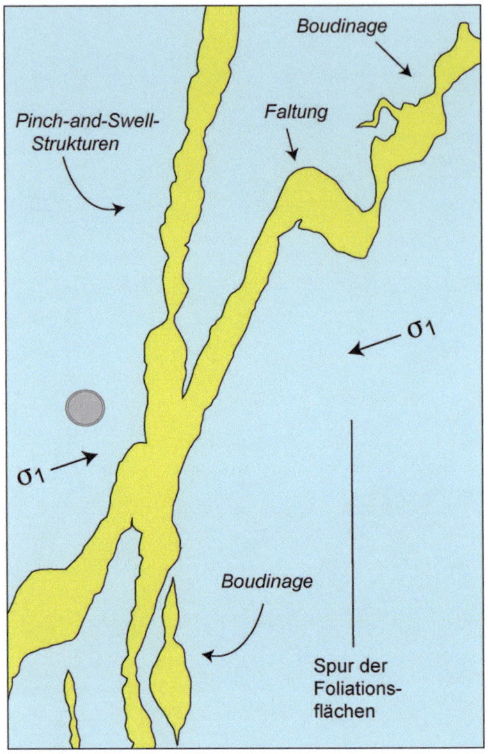

Abb. 2.18: Erläuterungsskizze zu Abb. 2.19.

Abb. 2.19: *In vertikale Foliation von Metasedimenten gleichzeitig injizierte und deformierte Pegmatitgänge. Der vertikale Pegmatitgang parallel zur Spur der Foliation zeigt Andeutungen von Pinch-and-swell-Strukturen (vgl. Abschn. 7.2). Der die Foliation von rechts oben nach links unten schneidende Pegmatitgang wurde von Faltung und Boudinage (vgl. Abschn. 7.1) erfasst. Die unterschiedliche Verformung beider Gänge ergibt sich aus deren unterschiedlicher Orientierung zum maximalen kompressiven Stress* σ_1*, wie in Abb. 2.18 hergeleitet. Cushamen Formation (oberes Paläozoikum). Rio Chico, Río Negro Provinz, Patagonien, Argentinien.*

Abb. 2.19 Foto © W. von Gosen

Abb. 2.20: *Verfalteter Quarz-Feldspat-Gang mit verdicktem Scheitel und ausgedünnten Schenkeln. Verfaltung durch Einengung des Nebengesteins senkrecht zur Schieferung (Drucklösung parallel zum Schieferungsgefüge). Nebengestein: Kalksilikatschiefer, sog. Wilson Group. Eduktalter unbekannt. Metamorphose vor ~ 500 Ma (Ross-Orogenese). Lanterman Range, Transantarktisches Gebirge, Nordvictorialand, Antarktis.*

Abb. 2.21: *Verfaltete aplitische Gänge (hell) in Amphibolit (dunkel), beide mit verdickten Faltenscheiteln. Gleinalm-Kristallin, Österreich, Ostalpen.*

Abb. 2.20 *Foto © G. Kleinschmidt*

Abb. 2.21 *Foto © W. von Gosen*

Abb. 2.22: *Quarzgang mit Faserwachstum des Quarzes. Die Quarzfasern bilden mit dem Rand des Ganges (sog. Salband) einen Winkel von ca. 70°. Die Richtung der Quarzfasern gibt die Öffnungsrichtung des Ganges an, die demnach nicht senkrecht zum Salband, sondern schräg dazu erfolgte. Nebengestein: Grauwacken der Robertson Bay Group, Kambro-Ordovizium. ANARE Mountains, Transantarktisches Gebirge, Nordvictorialand, Antarktis.*

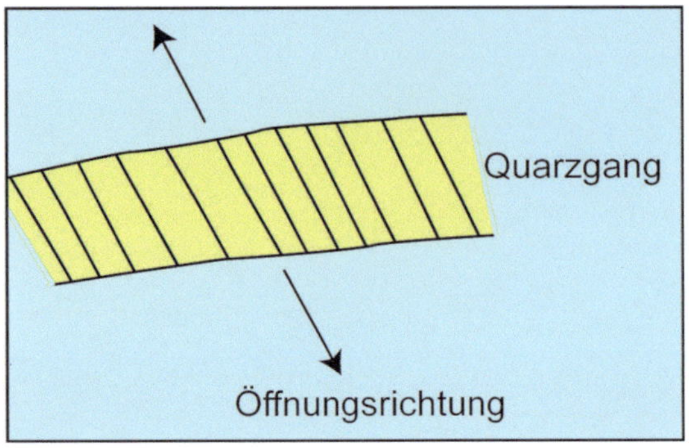

Abb. 2.23: Skizze zu Abb. 2.22.

Abb. 2.24: *Antitaxialer Quarz-Karbonat-Gang. Die antitaxialen Mineralfasern geben an, dass sich während der Gangöffnung eine gangparallele Scherbewegung verstärkte. Die Median-Linie ist der älteste Teil des Ganges (1) und besteht aus Partikeln des kalkarenitischen Nebengesteins. Leap Year Group, ? Ordovizium. Carryer Glacier, Transantarktisches Gebirge, Nordvictorialand, Antarktis.*

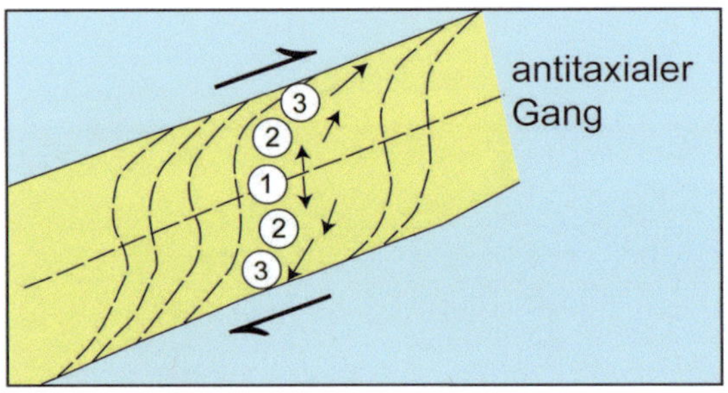

Abb. 2.25: Skizze zu Abb. 2.24.

Abb. 2.26: *Syntaxialer Quarzgang. Wie bei den antitaxialen geben auch bei den syntaxialen Gängen die Mineralfasern an, dass sich während der Gangöffnung eine gangparallele Scherbewegung verstärkte. Die älteren Faserteile (1) sind jedoch im Falle syntaxialer Gänge außen, die jüngeren (2) im Zentrum des Ganges. Granulit der Ivrea-Zone, prä-alpidische Metamorphose. Rio Inferno, Ossola-Tal, Italien, Westalpen.*

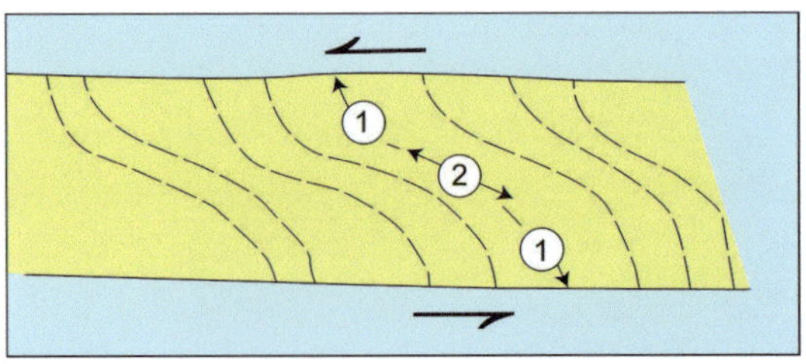

Abb. 2.27: Skizze zu Abb. 2.26.

Abb. 2.22 *Foto © G. Kleinschmidt*

Abb. 2.24 *Foto © G. Kleinschmidt*

Abb. 2.26 *Foto © G. Kleinschmidt*

2.4 Fiederspalten

Fiederspalten öffnen sich in einer durch einfache Scherung gekennzeichneten Domäne parallel zur größten (σ_1) und senkrecht zur kleinsten (σ_3) Hauptnormalspannung (vgl. Abb. 2.29, Inset).

Abb. 2.28: *Quarz-Fiederspalten in Grauwacke der Permotrias. Ben Ohau Range, Southern Alps, Neuseeland.*

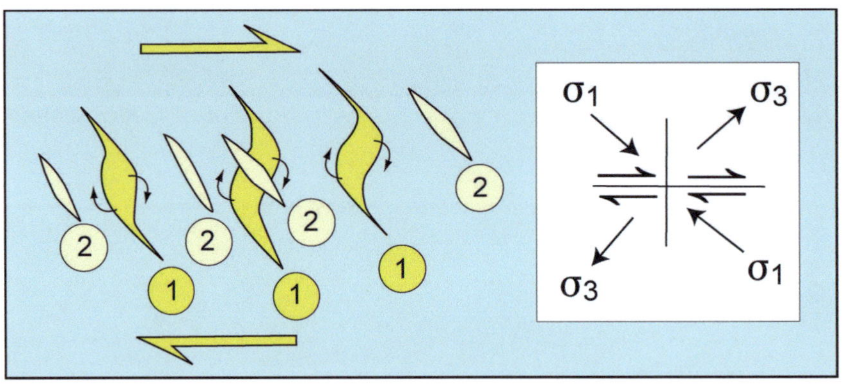

Abb. 2.29: Skizze zu Abb. 2.28. Die zentralen Teile der älteren Fiederspalten (1) werden im Sinn der Scherung dextral rotiert, die jüngeren (2) [noch] nicht.

Abb. 2.30: *Zwei konjugierte Scharen kalzitischer Fiederspalten, die sich z. T. überschneiden und entgegengesetzten Schersinn anzeigen (Halbpfeile). Alpidisch im mittleren Miozän gefaltete Kalkfolge der Unterkreide. Cala Torta bei Artá, Mallorca, Balearen, Spanien.*

Abb. 2.28 *Foto © G. Kleinschmidt*

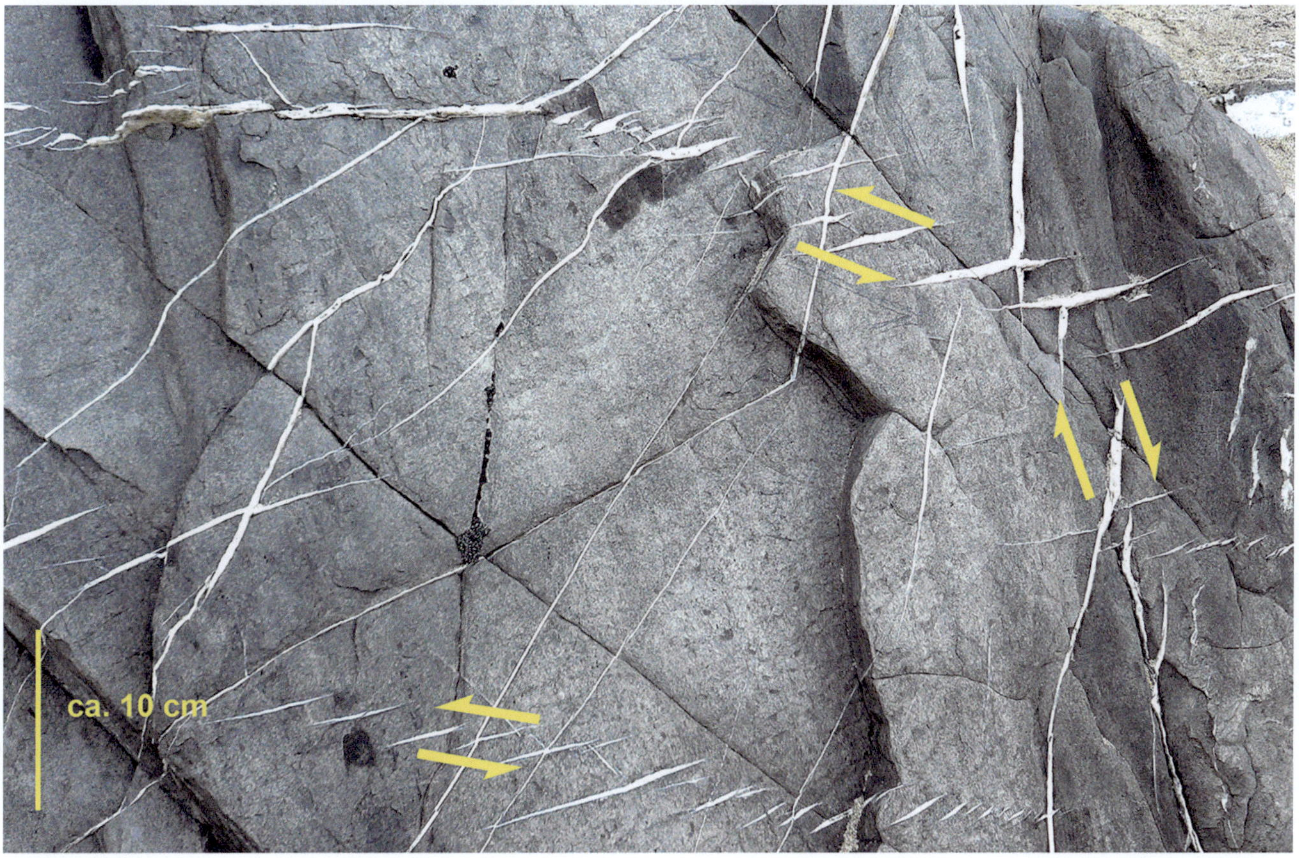

Abb. 2.30 *Foto © F. Tessensohn*

Verwerfungen

3

Bruchvorgänge in der Erdkruste erzeugen Abschiebungen, Aufschiebungen, Überschiebungen und dextrale wie sinistrale Seiten- bzw. Blattverschiebungen.

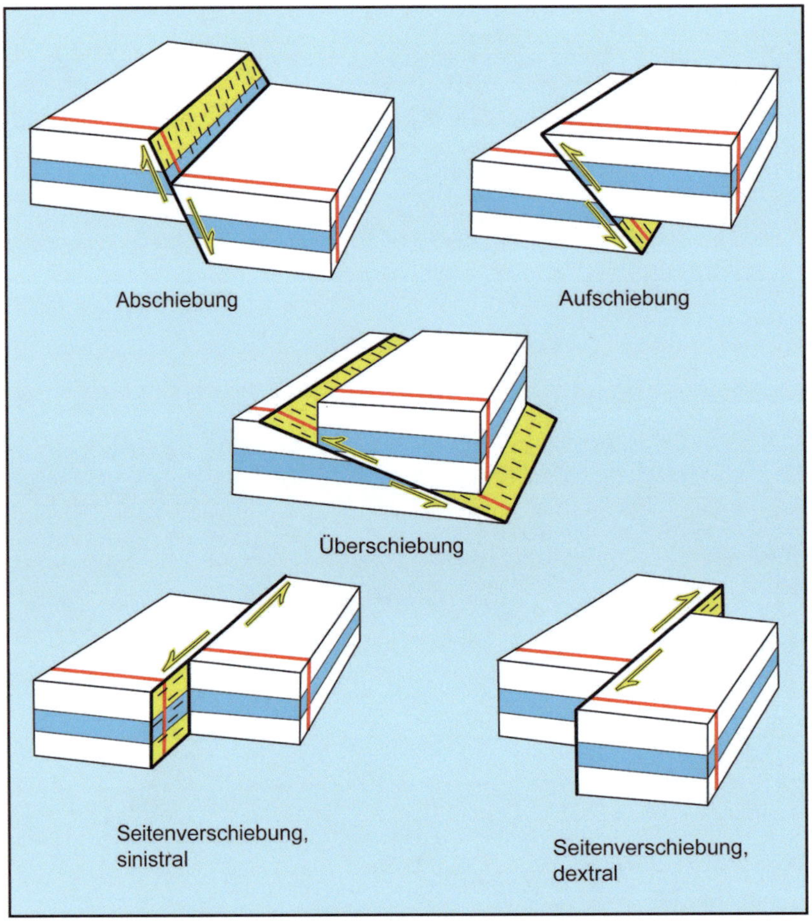

Abb. 3.01: Schematische Darstellung von Abschiebungen, Aufschiebungen, Überschiebungen und Seitenverschiebungen. Die rote Linie zeigt einen angenommenen magmatischen Gang als Referenz zur kinematischen Interpretation, die Strichelung zeigt die Lineation bei der jeweiligen Bewegung an. (Nach Reuther 2012, verändert).

Abb. 3.02 *Konjugierte Abschiebungen in miozänen Kalken mit Ansatz zur Grabenbildung. Kliffhöhe ca. 130 m. Ta Cenc Cliff, Insel Gozo, Malta. (Foto aus Reuther 2012).*

W. von Gosen et al., *Tektonische Strukturen und ihre Interpretation – Ein Bildatlas,* https://doi.org/10.1007/978-3-662-48240-7_3

Abb. 3.02 *Foto aus Reuther 2012*

3.1 Abschiebungen und Gräben

Abschiebungen zeigen Dehnung (Extension) an. Sie können planar, gekrümmt oder zum Liegenden verflachend (= listrisch) ausgebildet sein. Die Hangendschollen werden relativ zu den Liegendschollen abgesenkt. Gegensinnig einfallende Abschiebungen oder Abschiebungsscharen können zur Bildung von Gräben (abgesenkte Blöcke) oder Horsten (gehobene Blöcke) in wechselnden Dimensionen führen.

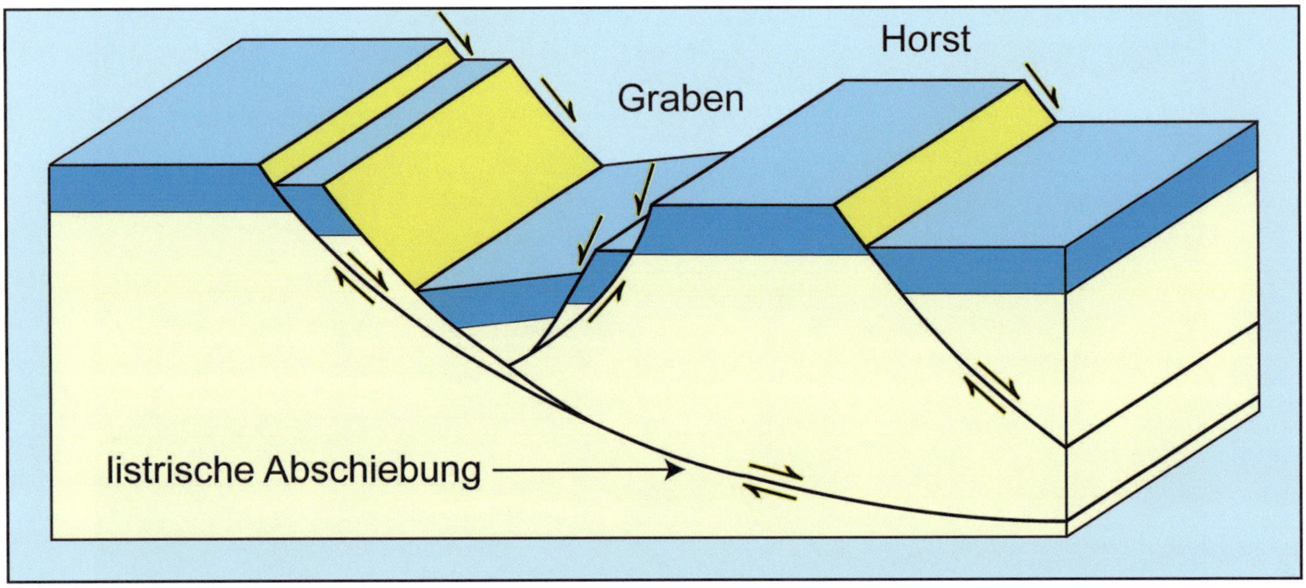

Abb. 3.03: Horst und Graben, nach Reuther (2012), verändert.

Abb. 3.04: *Abschiebung im Gneis der Stratton Group. Die rechte Scholle ist gegenüber der linken um 30 cm abgeschoben, ablesbar am zerscherten Quarzmobilisat. Charlesworth Cliff, Herbert Mountains, nördliche Shackleton Range, Antarktis.*

Abb. 3.04 Foto © G. Kleinschmidt

Abb. 3.05: *Abschiebung in einer Psammit-Pelit-Wechsellagerung. Gelber Zollstock = 30 cm. Arauco, Südchile.*

Abb. 3.06: *Kleine listrische Abschiebungen im mylonitischen Gneis der Monte-Rosa-Decke. Villadossola, Norditalien, Westalpen.*

Abb. 3.05 *Foto © C.-D. Reuther*

Abb. 3.06 *Foto © G. Kleinschmidt*

Abb. 3.07: *Flach einfallende, listrische Abschiebung (low angle normal fault; strichliert, Halbpfeile) in dunklen Tonschiefern und hellen Sandsteinen des Oberdevons. Maßstab (Wanderstock) ca. 1,20 m. Tintagel, Cornwall, England.*

Abb. 3.08: *Eine Schichtfolge mit unterschiedlich gefärbten Sand- und Tonsteinlagen macht eine stufenförmige Abschiebung nach rechts unten besonders deutlich (Halbpfeile). Ein konjugiertes, nach links einfallendes System formt einen kleinen Horst am linken Bildrand. Eingangszufahrt zum Arches National Park, Utah, USA.*

Abb. 3.09: *Verschieden stark gefärbte Dolomitschichten im Muschelkalk zeigen die Bildung eines kleinen Grabens zwischen listrisch gebogenen Abschiebungen an (Halbpfeile). Straße Me-10 östlich von Banyalbufar, km 80,5, Mallorca, Balearen, Spanien. (Foto F. Tessensohn aus Huch und Tessensohn 2013).*

Abb. 3.07 *Foto © G. Kleinschmidt*

Abb. 3.08 *Foto © F. Tessensohn*

Abb. 3.09 *Foto F. Tessensohn aus Huch und Tessensohn 2013*

3.2 Aufschiebungen

Unter Aufschiebungen versteht man einengende Störungsflächen mit Einfallswinkeln größer als 45°. Die hangende Scholle wird entlang der Störungsfläche nach oben auf die Unterlage geschoben. Aufschiebungsflächen können planar oder zum Liegenden verflachend (= listrisch) ausgebildet sein.

Abb. 3.10: *Aufschiebung (Halbpfeil) im ordovizischen Tafelbergsandstein. Taschenmesser (Pfeil) als Maßstab. Chapman Peak Road südl. Kapstadt, Südafrika.*

Abb. 3.10 *Foto © G. Kleinschmidt*

Abb. 3.11: *Aufschiebung (Halbpfeil) von massigem Liaskalk über miozäne mergelige Kalke. An der Verwerfung mit flächenhaft ausgebildetem Harnisch (oberer Bildbereich) „kleben" noch Komponenten der liegenden überschobenen Kalke. Diese sind von zahlreichen kleinen Scherbahnen durchzogen und brekziiert (untere Bildhälfte). Tunneleingang am El Fumat, Halbinsel Formentor, Mallorca, Balearen, Spanien.*

Abb. 3.12: *Aufschiebung (Halbpfeil) in Paragneis in einem Bohrkern. Das dunkle Band in der Bildmitte ist gut sichtbar geschleppt. Kontinentale Tiefbohrung (KTB), Windischeschenbach, Oberpfalz, Bayern.*

Abb. 3.13: *Aufschiebung (Halbpfeil) im nördlichen Ast der Lake Hazen Fault Zone. Schichten der unterkambrischen Grant Land Formation sind nach SSE auf Sandsteine der unterpermischen Trold Fiord Formation aufgeschoben, die dabei zu einer offenen Synklinale verformt worden sind. Abgeschätzte Aufschlusshöhe ca. 30 m. Gebiet südlich des Piper Pass, nördliches Ellesmere Island, kanadische Arktis.*

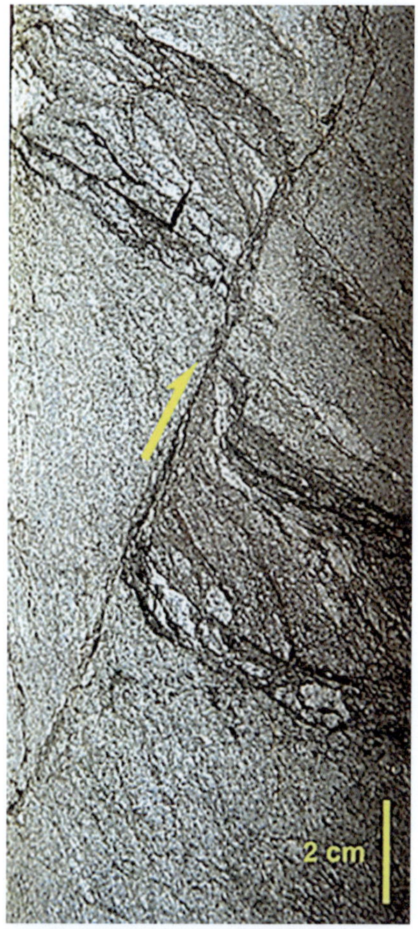

Abb. 3.11 Foto © F. Tessensohn

Abb. 3.12 Foto © G. Zulauf

Abb. 3.13 Foto © W. von Gosen

3.3 Überschiebungen

Unter Überschiebungen versteht man einengende Störungsflächen mit Einfallswinkeln kleiner als 45°. Die hangende Scholle wird entlang der Störungsfläche aufwärts über die Unterlage geschoben.

Abb. 3.14: *Blick vom Helikopter nach Osten auf NW-gerichtete Überschiebung oberkarbonischer Schichten über eine Schichtfolge der Untertrias. Die überschobene Abfolge ist an der Basis über der Störungsfläche zu einer offenen Antiklinale verbogen, die den relativen Verschiebungssinn anzeigt (linker mittlerer Bildabschnitt). Abgeschätzte Aufschlusshöhe mehrere hundert Meter. Yelverton Pass, nördliches Ellesmere Island, kanadische Arktis.*

Abb. 3.14 *Foto © K. Piepjohn*

3.3.1 Faltung bei Überschiebungen

Eine fault bend fold bildet sich bei der Überschiebung einer Gesteinsabfolge über einer Rampe. Ihre Geometrie ist durch die Anordnung der basalen Überschiebung bestimmt (Flachbahn und Rampe; vgl. Abb. 3.23). Die Falte ist basal vollständig von der tektonischen Unterlage abgelöst.

Dagegen endet ein basaler Überschiebungshorizont innerhalb einer fault-propagation fold. Wird die Überschiebung fortgebaut und schneidet sie den Antiklinalscheitel wie im Beispiel der Abb. 3.16, so spricht man von einer translated fault-propagation fold.

Von beiden Faltentypen unterscheidet sich die detachment fold. Sie bildet sich über einem flachen Überschiebungshorizont (meist einem Décollement, vgl. Abschn. 3.3.3), der in seinem Fortbau blockiert wird und zur Aufwölbung der Falte in der hangenden Einheit führt.

Die hier dargestellten Faltentypen mit Knickungen als Umbiegungen treten in der Natur verbreitet auch mit gekrümmten Umbiegungen auf (zu den drei und weiteren Faltentypen vgl. McClay 1992).

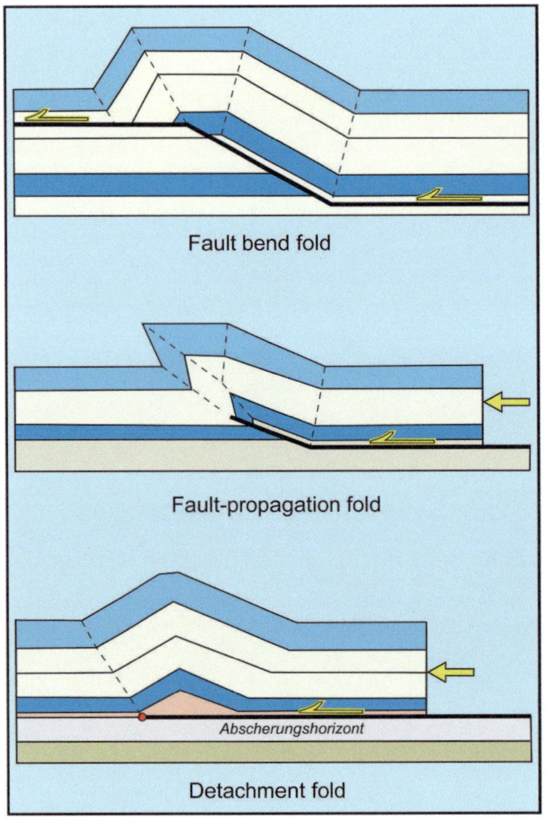

Abb. 3.15: Faltentypen bei Überschiebungen, zusammengestellt und verändert nach Reuther (2012).

Abb. 3.16: *Translated fault-propagation fold in karbonischen Turbiditen. Maßstab (Pfeil) = 20 cm. Cornwall, England. (Foto aus Reuther 2012, verändert).*

Abb. 3.17: *Überfaltung in feinkörniger Sandstein-Tonstein-Folge des Unterdevons. Der Kurzschenkel einer Falte ist an einer Überschiebung (Halbpfeil) versetzt worden. Es Macar Gran, Menorca, Balearen, Spanien.*

Abb. 3.16 *Foto aus Reuther 2012, verändert*

Abb. 3.17 *Foto © F. Tessensohn*

3.3.2 Überschiebungen und Decken

Decken sind allochthone Gesteinseinheiten, die entlang flach einfallender oder subhorizontaler Überschiebungen (Deckenbahnen) im km-Bereich verschoben worden sind. Erosionsreste von Deckenpartien werden als Klippen, erodierte Anteile von Decken, die einen Einblick in die tektonische Unterlage erlauben, als Fenster bezeichnet (vgl. Abb. 3.20).

Abb. 3.18: *Bewegungsbahn (Halbpfeil) einer panafrikanischen Überschiebung (~ 550–500 Ma) in grenvillischen Gneisen (~ 1000 Ma) mit Schleppung basischer Gänge (~ 570 Ma) in der Hangendscholle. Tverrega, Westteil von Hallgrenskarvet (Bludauberge), nördliches Kirwanveggen, Dronning Maud Land, Antarktis.*

Abb. 3.19: *Diskrete Deckenbahn (Halbpfeil) zwischen unterkambrischen Dolomiten und Tonsteinen der Rome Formation im Hangenden und mittelordovizischen Kalken der Chickamauga Group im Liegenden. Kleiner Pfeil deutet auf Hammer als Maßstab. Ca. 4 km nördlich Thorn Hill, Nordost-Tennessee, südliche Appalachen, USA.*

Abb. 3.18 Foto © G. Kleinschmidt

Abb. 3.19 Foto © G. Kleinschmidt

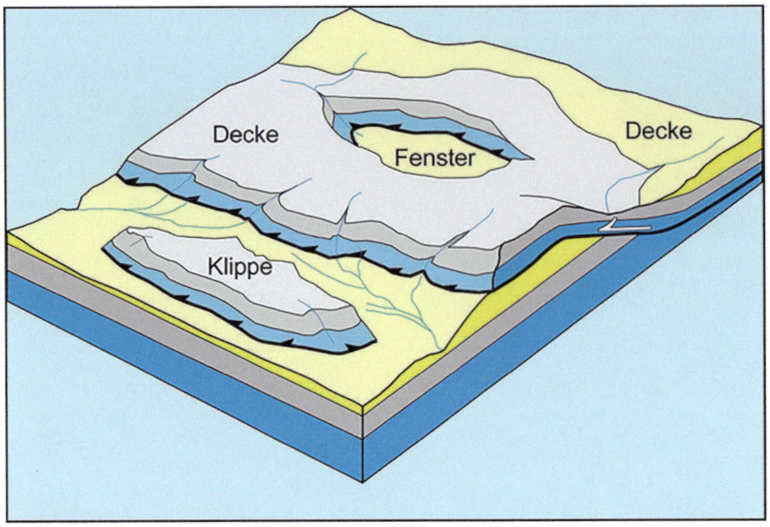

Abb. 3.20: Decke mit Klippe und Fenster, nach Reuther (2012), verändert.

Abb. 3.21: *An der Glarner Hauptüberschiebung wurden Gesteine des permischen Verrucano (250–300 Ma) über tertiäre Flyschgesteine (35–50 Ma) geschoben. Die Deckenbahn zwischen den dunklen Bergspitzen und den helleren Teilen der Bergwand zieht als scharfe Linie durch das Bild. IG UNESCO-Weltnaturerbe Tektonikarena Sardona, St. Gallen, Glarus, Graubünden, Schweiz. (Foto © IG UNESCO-Weltnaturerbe Tektonikarena Sardona).*

Abb. 3.22: *Die eigentliche Deckenbahn der Glarner Hauptüberschiebung (Abb. 3.21) ist zwischen den rötlichen Verrucanogesteinen (oben) und den grau-weißen Flyschgesteinen (unten) durch die schmale Zone des mylonitischen Lochsiten-Tektonits mit einem dunklen, planaren Septum in der Bildmitte gekennzeichnet (Buckingham 2009). Der Verschiebungssinn ist durch Halbpfeile markiert. Lochsite bei Sool/Schwanden, Geopark Sardona, Schweiz.*

Abb. 3.21 *Foto © IG UNESCO-Weltnaturerbe Tektonikarena Sardona*

Abb. 3.22 *Foto © T. Buckingham*

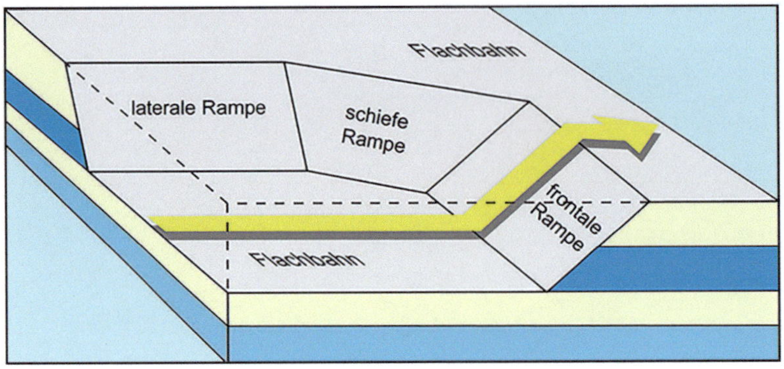

Abb. 3.23: Rampentypen und Flachbahn („flat") in einer Überschiebungszone. Der gelbe Pfeil zeigt die Transportrichtung der überschiebenden und hier nicht dargestellten Einheit. Schematische Darstellung, nach Reuther (2012), verändert.

Abb. 3.24: *Aus einer flacheren Überschiebungsbahn aufsteigende Rampe (strichliert, Halbpfeile) in dünnbankigen Kalken der oberkarbonischen Barcaliente Formation. Kantabrisches Gebirge, Nordspanien. (Foto aus Reuther 2012, verändert).*

Abb. 3.24 *Foto aus Reuther 2012, verändert*

3.3.3 Décollement

Ein Décollement ist ein flach liegender Abscherhorizont, der parallel zu planaren Strukturen im Liegenden verläuft (z. B. Schichtflächen). Ein Décollement kann unter Kompression (überschiebend) oder Extension (abschiebend) gebildet werden.

Abb. 3.25: *Einengendes Décollement im Muschelkalk. Arénal d'en Castell, Nordküste von Menorca, Balearen, Spanien.*

3.3.4 Detachment

Unter einem Detachment versteht man einen flach einfallenden Abscherhorizont, der planare Strukturen im Liegenden (z. B. Schichtflächen) schneidet und sich dadurch von einem Décollement unterscheidet. Ein Detachment kann unter Kompression (überschiebend) oder Extension (abschiebend) gebildet werden.

Abb. 3.26: *Falte mit stark deformiertem Kern über einem Abscherhorizont (Detachment; Halbpfeil). Wrangle Point, Cornwall, England. (Foto aus Reuther 2012, verändert).*

Abb. 3.25 Foto © F. Tessensohn

Abb. 3.26 Foto aus Reuther 2012, verändert

3.3.5 Schuppenbau

Schuppenbau (engl. „imbrication") ist durch die tektonische Wiederholung vergleichbarer Einheiten (Schuppen, engl. „imbricates") charakterisiert, die entlang gleichsinnig einfallender Auf- oder Überschiebungen voneinander getrennt sind. Diese Störungsflächen können im Aufschluss planar ausgebildet sein, verflachen jedoch zum Liegenden (listrische Flächen) und münden dort in einen basalen Abscherhorizont.

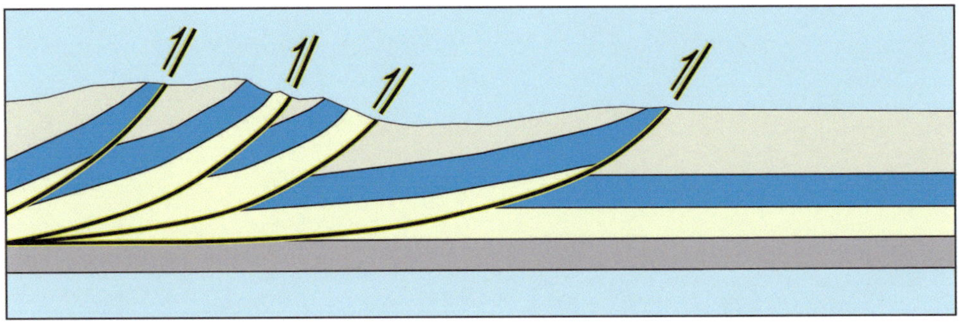

Abb. 3.27: Schuppenbau. (Nach Reuther 2012, verändert).

Abb. 3.28 *Alpidischer Schuppenbau (strichliert, Halbpfeile) in mesozoischer Folge am höchsten Berg Mallorcas. Puig Major vom Coll dels Reis, Tramuntana-Gebirge, Mallorca, Balearen, Spanien. (Foto F. Tessensohn aus Huch und Tessensohn 2013).*

Abb. 3.29: *Schuppenfächer aus dem Überschiebungsgürtel der Rocky Mountains nahe Cody, Wyoming, USA. (Foto aus Reuther 2012, verändert).*

Abb. 3.28 *Foto F. Tessensohn aus Huch und Tessensohn 2013*

Abb. 3.29 *Foto aus Reuther 2012, verändert*

3.4 Seitenverschiebungen

Seiten- bzw. Blattverschiebungen sind steil stehende Störungsflächen mit Einfallswinkeln größer als 45°. Entlang der Störungsflächen werden die angrenzenden Blöcke lateral gegeneinander verschoben. Seitenverschiebungen treten oft in Scharen auf, die mit assoziierten Riedel-Flächen komplexe Systeme bilden können (vgl. Abschn. 3.8).

Abb. 3.30: *Satellitenbild eines Abschnitts des sinistralen, anastomosierenden (sich vernetzenden) Wegener-Seitenverschiebungssystems (gelbe Linien und Halbpfeile) in der Arktis. Zusammengesetzt aus mehreren Einzelbildern. Die Positionen von Abb. 3.31 und 3.32 sind markiert. Judge Daly Promontory am Westufer der nördlichen Nares Strait, Ellesmere Island, kanadische Arktis.*

Abb. 3.30

Fotos © Google Earth. Zusammengesetztes Mosaik

Abb. 3.31: *An Land als kastenförmiges Tal morphologisch erkennbarer Arm der sinistralen Wegener-Seitenverschiebung (Wegener Transform), Blick nach Norden (vgl. Abb. 3.30). Judge Daly Promontory, Ellesmere Island, kanadische Arktis.*

Abb. 3.32: *Sinistrale Riedel-Störungen (kleine Halbpfeile) im Pavy River Segment der sinistralen Wegener-Seitenverschiebung (vgl. Abb. 3.30). Der Blick geht über eine leicht gewellte Landschaftsoberfläche nach Westen. Die sinistrale Hauptstörung verläuft etwa N-S unterhalb des Kliffs in der rechten unteren Bildecke (große Halbpfeile). Judge Daly Promontory, Ellesmere Island, kanadische Arktis.*

Abb. 3.31 Foto © K. Piepjohn

Abb. 3.32 Foto © K. Piepjohn

Abb. 3.33: *Aufsicht auf zwei kleine dextrale Seitenverschiebungen in xenolithreichem Granit. Deutlich versetzt sind aplitische Gänge. Walker Rocks, mittleres Victorialand, Antarktis.*

Abb. 3.34: *Horizontale Striemung auf der vertikalen Fläche einer Seitenverschiebung. Von dieser Fläche zweigen spitzwinklig nach rechts hinten im Bild Riedel-Scherflächen ab (vgl. Abschn. 3.8). Daraus ergibt sich der sinistrale Bewegungssinn der gesamten Seitenverschiebung. Westrandstörung des Rheingrabens bei Gueberschwihr, Elsass, Frankreich. (Foto aus Reuther 2012).*

Abb. 3.33 *Foto © G. Kleinschmidt*

Abb. 3.34 *Foto aus Reuther 2012*

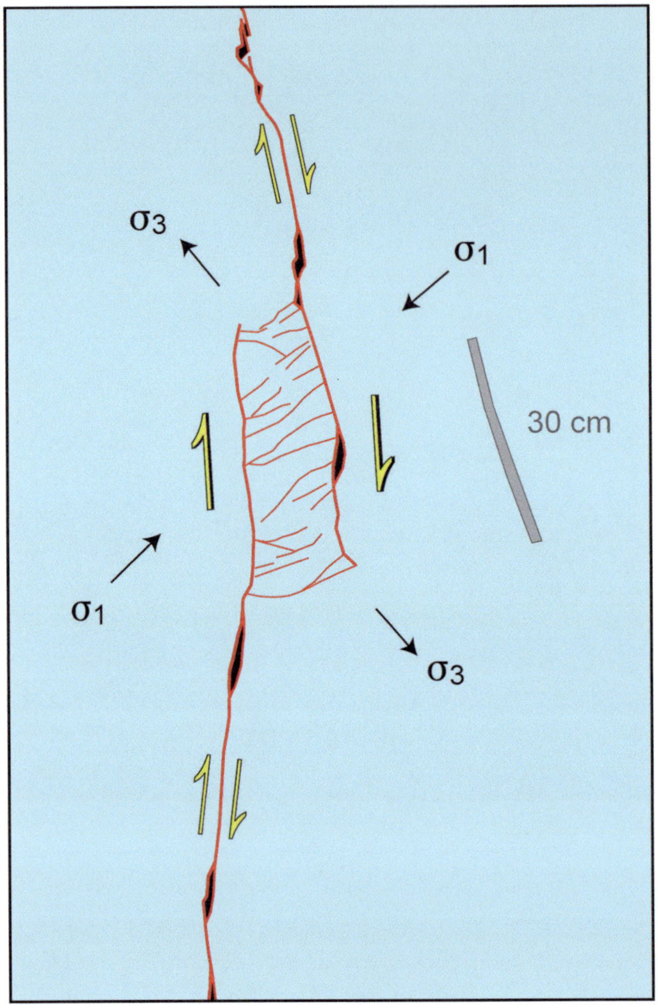

Abb. 3.35: Erläuterungsskizze zu Abb. 3.36. σ_1 ist die größte, σ_3 die kleinste Hauptnormalspannung.

Abb. 3.36: *Dextrales Seitenverschiebungssystem mit Dehnungsbrüchen im Überlappungsbereich. Unterer Globigerinenkalk, Aquitan, Känozoikum von Gozo, Malta. (Foto aus Reuther 2012, verändert).*

Abb. 3.37: *Zerrgraben (Pull-apart-Struktur) im gekrümmten Abschnitt einer sinistralen Seitenverschiebung (Halbpfeile). Unterer Globigerinenkalk, Aquitan, Känozoikum von Gozo, Malta. (Foto aus Reuther 2012, verändert).*

Abb. 3.36 *Foto aus Reuther 2012, verändert*

Abb. 3.37 *Foto aus Reuther 2012, verändert*

3.4.1 Flower Structures

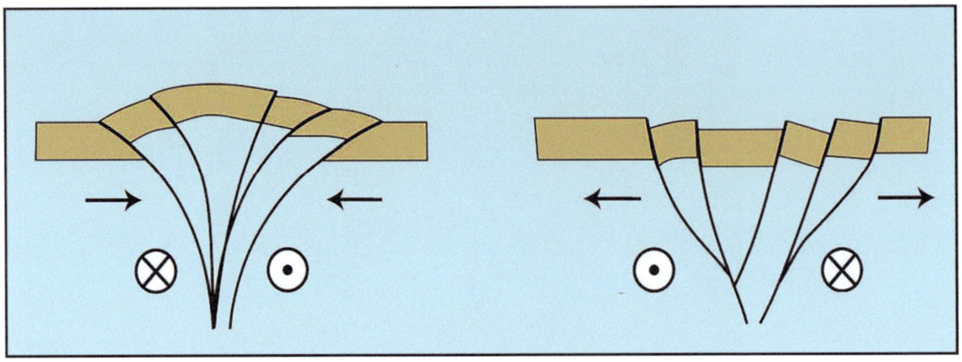

Abb. 3.38: Flower structures entstehen, wenn auf die Seitenverschiebung zusätzlich seitliche Kräfte wirken und Bündel von begleitenden Störungen entstehen. Transpression (Horizontalbewegung mit kompressiver Komponente) erzeugt positive flower structures (links im Bild, vgl. Abb. 3.39), Transtension (Horizontalbewegung mit extensionaler Komponente) dagegen negative flower structures (rechts, vgl. Abb. 3.40). Solche Bündel von Strukturen werden bevorzugt auf seismischen Profilen im Meer gefunden. Die Symbole in den Kreisen zeigen die Bewegung der jeweiligen Scholle an, auf den Betrachter zu = Punkt, vom Betrachter weg = Kreuz. (Nach Reuther 2012, leicht verändert).

Abb. 3.39: *Positive flower structure in seismischem Profil, interpretiert als Schnitt durch eine submarine Seitenverschiebung. Spur der dextralen Sumatra Fault südlich Java, Indonesien. (Nach Berglar et al. 2017).*

Abb. 3.40: *Negative flower structure in interpretiertem seismischem Profil durch die sinistrale Wegener-Störung. Northwater Bay, Nares Strait, Arktis. (Nach Neben et al. 2006).*

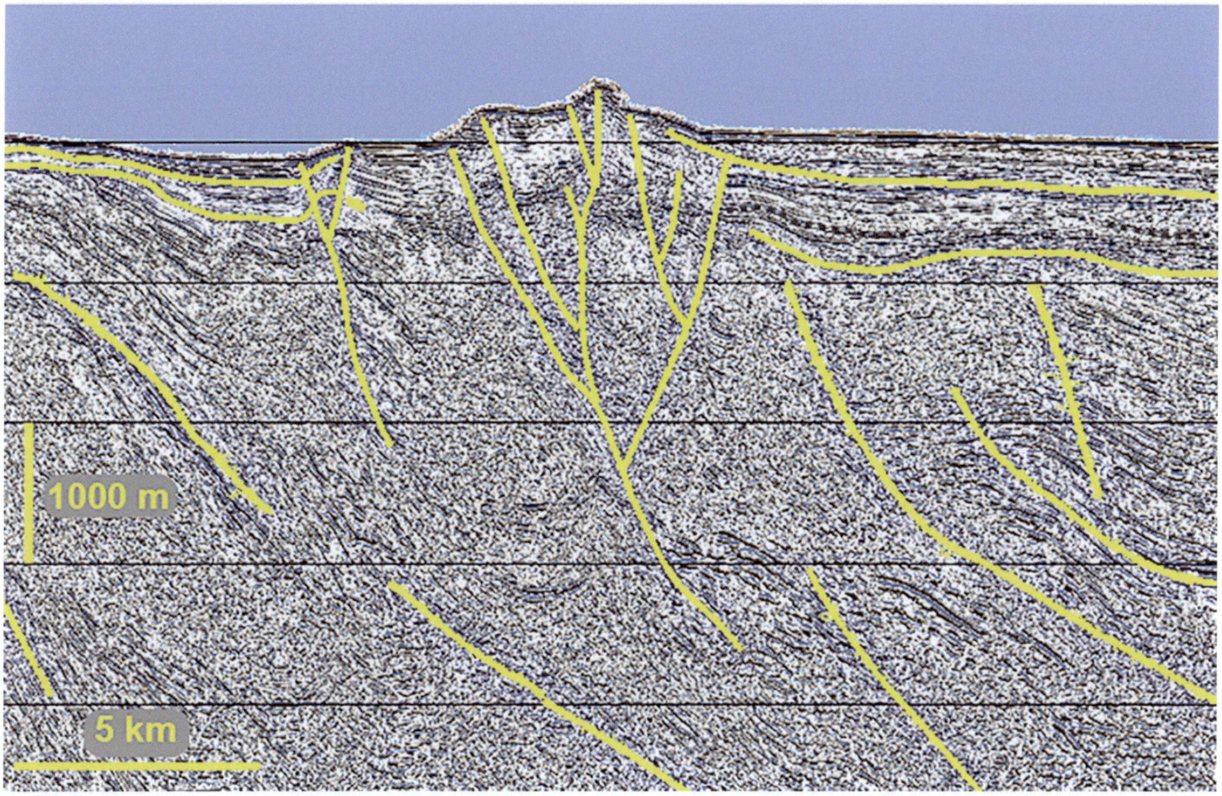

Abb. 3.39 *Profil © C. Gaedicke*

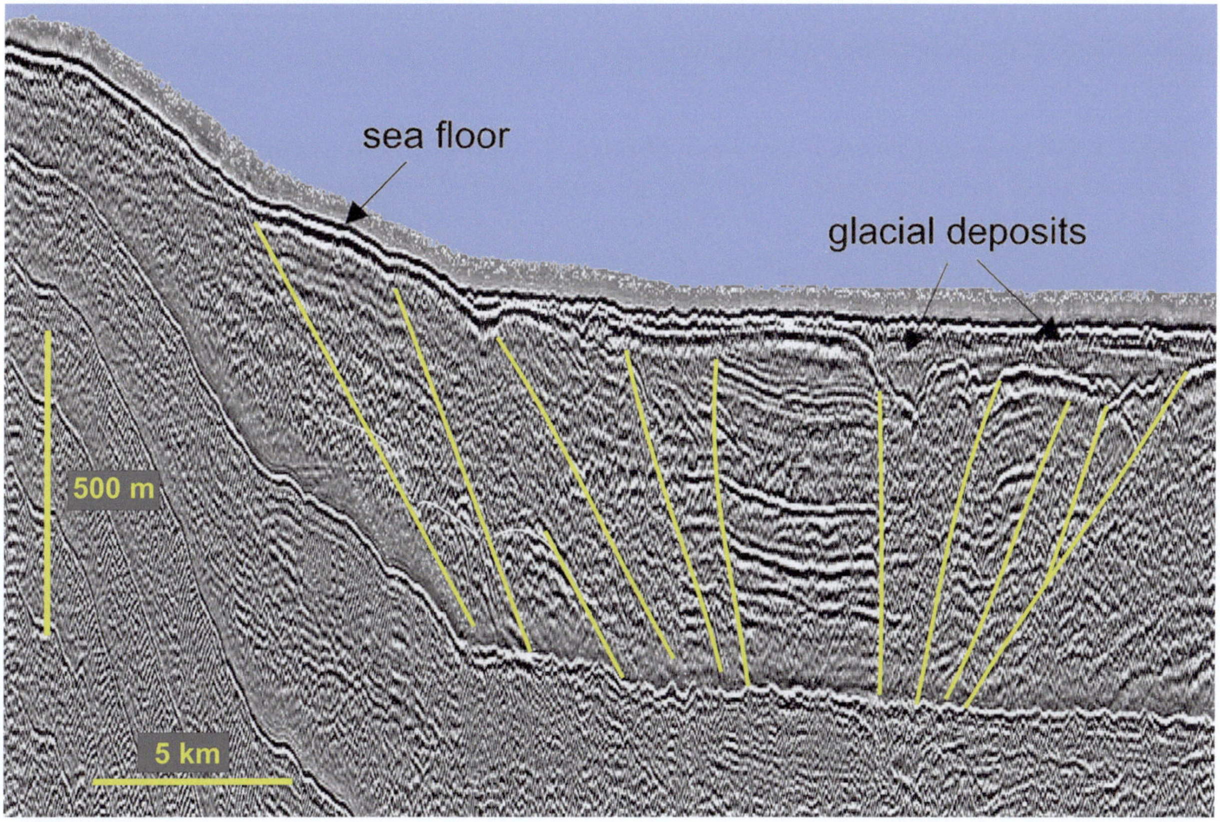

Abb. 3.40 *Profil nach Neben et al. 2006*

3.5 Scherzonen

Unter Scherzonen versteht man begrenzte Zonen in duktil (auch mylonitisch) oder spröde (kataklastisch) verformten Gesteinen, in denen Gleitbewegungen meist entlang von Scherflächen stattgefunden haben, ohne dass der Gesteinsverband aufgelöst wurde (siehe dazu auch Carreras et al. 1980). Einen allgemeinen Überblick samt weiter gefassten Definitionen geben Fossen und Cavalcante (2017).

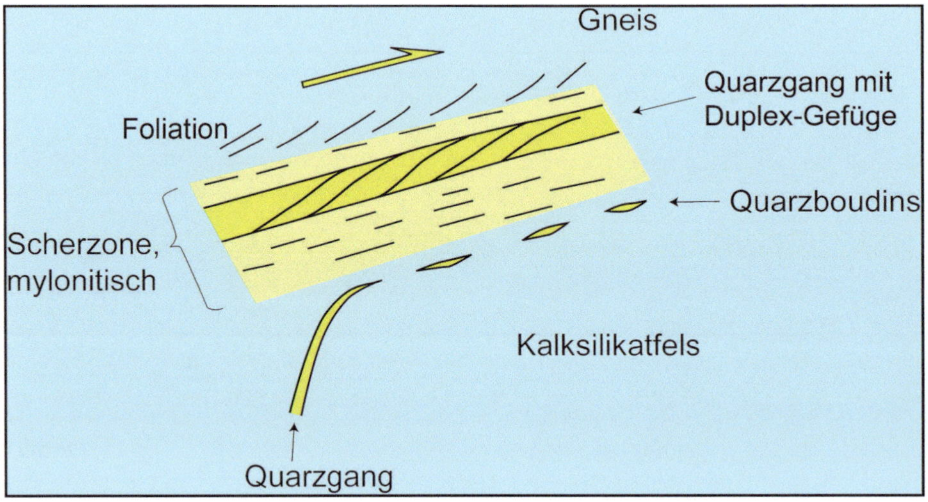

Abb. 3.41: Skizze zu Abb. 3.42. Das Einbiegen (Schleppung) der Foliation und des unteren Quarzganges zeigt den Schersinn der Scherzone an (Halbpfeil).

Abb. 3.42: *Scherzone im Kristallin des Ross-Orogens (~ 500 Ma). Gneis (oben links) ist nach rechts über Kalksilikatfels bewegt worden (vgl. Skizze, Abb. 3.41). Der Quarzgang in der mylonitischen Scherzone ist dementsprechend gestapelt (Duplexgefüge, vgl. Abschn. 3.6), während ein zweiter, ursprünglich quer verlaufender Quarzgang geschleppt und boudiniert wurde. Mount Emison, Deep Freeze Range, Transantarktisches Gebirge, Nordvictorialand, Antarktis.*

Abb. 3.43: *Duktile sinistrale Scherzone (Halbpfeil) in Gneis, abgebildet über Schleppung der Foliation. Nordisches Geschiebe, Insel Abruka, Estland.*

Abb. 3.44: *Blick von oben auf duktile sinistrale Scherzone in Tonalit. Der relative Schersinn (Halbpfeil) wird über S/C-Gefüge angezeigt (vgl. Abschn. 10.1). Proterozoikum. Südwestküste des Hayes Fiords, Eingang zum Jokel Fiord, Ellesmere Island, kanadische Arktis.*

Abb. 3.42 *Foto © G. Kleinschmidt*

Abb. 3.43 *Foto © G. Kleinschmidt*

Abb. 3.44 *Foto © W. von Gosen*

Abb. 3.45: *Horizontale Scherzone mit kleiner Rampe (kleiner Halbpfeil am rechten Bildrand) in unterkarbonischer Turbiditfolge. Relativer Schersinn in der Scherzone: Top nach rechts (großer Halbpfeil). Cap Favàritx, Menorca, Balearen, Spanien.*

Abb. 3.45 *Foto © F. Tessensohn*

3.6 Duplex

Ein Duplex ist ein Verschiebungskörper, der in Auf-, Ab- und Überschiebungsbereichen von einer hangenden und liegenden Verschiebungsfläche begrenzt wird („roof thrust“ und „floor thrust“). Dazwischen enthält er von Verschiebungsflächen begrenzte, oft sigmoidale (Abb. 3.46) Gesteinsscheiben („horses“; vgl. Boyer und Elliott 1982). Ein Duplex kann auch in Seitenverschiebungen auftreten („strike-slip duplex“; vgl. Woodcock und Fischer 1986).

Abb. 3.46: *Duplexstruktur in Kalken des obersten Karbons. Halbpfeile zeigen den Verschiebungssinn. Brøggerhalvøya, Kongsfjord, Spitzbergen.*

Abb. 3.47: *Duplexstruktur in miozänen Turbiditen (Bildmitte), überschoben von Dolomiten des Lias (rechts oben). Die Überschiebungsbahn ist lokal abwärts gerichtet. Fußweg Port des Canonge–Banyalbufar, Mallorca, Balearen, Spanien. (Foto F. Tessensohn aus Huch und Tessensohn 2013).*

Abb. 3.46 *Foto © F. Tessensohn*

Abb. 3.47 *Foto F. Tessensohn aus Huch und Tessensohn 2013*

3.7 Harnische

Die Verschiebung zweier Gesteinsschollen entlang einer Verwerfungsfläche (Störung) kann einen Harnisch erzeugen, d. h. eine Fläche mit Schrammen (Rutsch- oder Gleitstreifen in Bewegungsrichtung) bis hin zur Politur (siehe Spiegelharnisch, Abb. 3.51).

Abb. 3.48: *Harnisch an einer Störung in Kalken der Trias. Carboneras-Störung, Rambla Granotillas, Sopalmo, Provinz Almeria, Spanien.*

Abb. 3.49: *Quarzbelegte Harnisch-Fläche mit Harnisch-Lineation, die die Bewegungsrichtung auf der Harnischfläche angibt (= parallel zum Kugelschreiber). Die Abrisskante des Quarzbelegs gibt an, dass der Bewegungssinn nach links aufwärts gerichtet ist. Migmatischer Gneis im Ross-Orogen (~ 500 Ma). Burnside Ridge, westlich Matusevich Glacier, Oates-Land, Antarktis.*

Abb. 3.48 *Foto © C.-D. Reuther*

Abb. 3.49 *Foto © G. Kleinschmidt*

Abb. 3.50: *Harnische in ordovizischem Kalk. Linien und Abrisskanten zeigen eine sinistrale Verschiebung an, d. h. der vordere, heute erodierte Block wurde nach rechts verschoben. Obere Bildkante ca. 15 cm. Bache Peninsula, Ellesmere Island, kanadische Arktis.*

Abb. 3.51: *Spiegelharnisch auf permotriassischen Sandsteinen in einer Überschiebungszone. Der Quarz aus dem Sandstein ist zu spiegelnden Flächen ausgewalzt. Straße Me-16 Mercadal-Migjorn Gran, km 4,8, Menorca, Balearen, Spanien.*

Abb. 3.50 *Foto © K. Piepjohn*

Abb. 3.51 *Foto © F. Tessensohn*

3.8 Riedel-Scherflächen

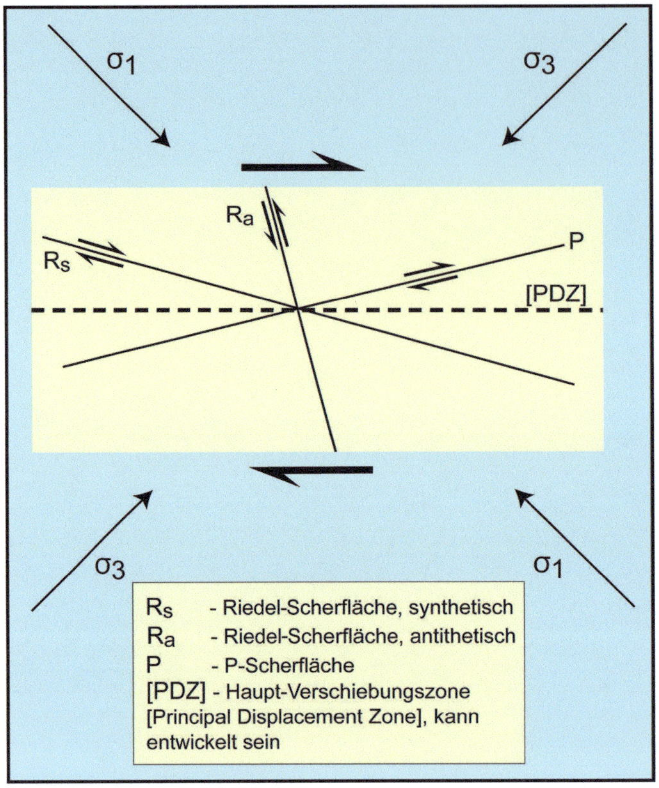

Abb. 3.52: Riedel-Scherflächen (Riedel shears) wurden erstmals von Riedel (1929) basierend auf Experimenten beschrieben. Spätere Experimente (z. B. Tchalenko 1970) haben zu den heutigen Bezeichnungen geführt. Bezogen auf eine Haupt-Verschiebungszone (PDZ, principal displacement zone) treten sie in typischen geometrischen Konfigurationen auf (vgl. z. B. Biddle und Christie-Blick 1985; Christie-Blick und Biddle 1985). Dabei unterstützen die synthetischen Riedel-Scherflächen (R_s) mit ihrem Verschiebungssinn den der Haupt-Verschiebungszone, wogegen die antithetischen Riedel-Scherflächen (R_a) diesem entgegen wirken. P-Scherflächen wiederum folgen dem Verschiebungssinn entlang der Haupt-Verschiebungszone. Die geometrischen Anordnungen der Riedel- und P-Scherflächen erlauben eine Rekonstruktion des übergeordneten Verschiebungssinns auch dann, wenn die Haupt-Verschiebungszone nicht aufgeschlossen ist. Riedel-Scherflächen treten sowohl in Seitenverschiebungszonen als auch in aufschiebenden oder abschiebenden Störungszonen überwiegend im spröden Krustenstockwerk auf. Die Bezeichnungen der synthetischen und antithetischen Riedel-Scherflächen variieren in der internationalen Literatur (z. B. synthetisch: R_s, R, R_1, antithetisch: R_a, R', R_2). In den Beispielen der Abb. 3.53 und 3.54 ist nur ein Satz der Riedel-Scherflächen entwickelt.

Abb. 3.53: *Ein dominierender Satz von Riedel-Scherflächen an einer sinistralen Blattverschiebung (Halbpfeile). Granit, Albany Gap, Westaustralien.*

Abb. 3.54: *Steil stehende Riedel-Scherflächen in einem silurischen Quarzit. Die Flächen in en échelon-Stellung belegen eine generelle dextrale Scherung (Halbpfeile). Napostá Formation, Sierras Australes, Provinz Buenos Aires, Argentinien.*

Abb. 3.53 *Foto © C.-D. Reuther*

Abb. 3.54 *Foto © W. von Gosen*

3.8.1 Parabelrisse

Parabelrisse sind die parabelförmigen Spuren spitzwinklig von der Hauptbewegungsfläche abzweigender Riedel-Scherflächen. Die konkave Seite dieser Parabelrisse weist in Richtung der Relativbewegung der Hangendscholle (gelber Pfeil).

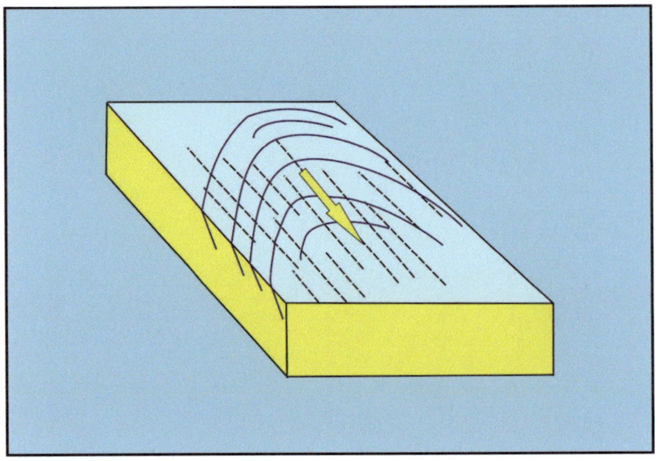

Abb. 3.55: Erläuterungsskizze zu Abb. 3.56

Abb. 3.56: *Parabelrisse auf einer geschrammten Abschiebungsfläche in tertiären Kalken. Die Bewegung auf der abgebildeten Fläche im Bild nach unten gibt die Relativbewegung der Hangendscholle an (Pfeil). Untere Corallinacea-Kalke (Wende Oligozän/Miozän). Maghlaq-Verwerfung, Malta. (Foto aus Reuther 2012, Pfeil eingefügt).*

Abb. 3.56 *Foto aus Reuther 2012, Pfeil eingefügt*

3.9 Mélange

Mélange ist ein Gesteinskörper, der durch Prozesse sedimentärer oder tektonischer Zerbrechung und Vermischung entsteht. In einer feinen Grundmasse schwimmen autochthone und allochthone Gesteinsfragmente unterschiedlichster Dimension und Art. Eine Mélange entsteht oft bei Subduktionsvorgängen und enthält dann meist Komponenten des Ozeanbodens.

Abb. 3.57: *Das Beispiel stammt aus der klassischen „Franciscan"-Mélange in Kalifornien. Im abgebildeten Aufschluss fehlen die sedimentären Komponenten, alle Klasten sind hier vulkanische Gesteine. Coast Range bei Trinidad, Nordkalifornien, USA.*

Abb. 3.58: *Tektonische Mélange (Kataklasit) aus dem Devon der Balearen. Kalkige und sandige Komponenten sind in toniger Grundmasse chaotisch vermischt. Phacoide (vgl. Abschn. 10.9) zeigen Zerscherung an. Scherzone im unteren Devon. Es Macar Gran, Menorca, Balearen, Spanien.*

Abb. 3.57 Foto © F. Tessensohn

Abb. 3.58 Foto © F. Tessensohn

3.10 Kataklasite

Kataklasite sind brekziöse Gesteine in Störungszonen, gebildet durch Fragmentierung, Rotation und Korngrenzgleitung, und zwar unter spröden Verformungsbedingungen. Störungsbrekzie wird häufig als Synonym gebraucht. Entsprechende Lockergesteine, insbesonders feinkörnige, werden als Kakirite bezeichnet.

Abb. 3.59: *Kataklasit in oberkretazischen bis paläozänen Sandsteinen. Der Bereich links der Störung ist nach oben (Halbpfeil), rechts nach unten bewegt, d. h. die Störung erscheint als steile Aufschiebung. Nebenstörung der Alpine Fault nahe Arnott Point, nördlich Haast, Westküste der Südinsel Neuseelands.*

Abb. 3.60: *Kataklastische Deformation an einer aktiven Verwerfung in triassischen Grauwacken. An Riedel-Scherflächen im Scherkörper innerhalb der Verwerfung ist ablesbar, dass dort der rechte Teil des Aufschlusses gegenüber dem linken abgesenkt ist (Halbpfeil). Hutt River, nördlich Upper Hutt, nahe Wellington, Neuseeland.*

Abb. 3.61: *Kataklasit in einer alpidischen Bewegungszone im Buntsandstein Menorcas. Über einem tonigen Gleithorizont an der Basis folgen linsenförmige Scherkörper und fein brekziierte Sandstein-Partikel in pelitischer Matrix. Genereller Bewegungssinn im Aufschluß: Top nach links (Halbpfeil). Straße Me-16 Alaior–Migjorn Gran, bei km 2, Menorca, Balearen, Spanien.*

Abb. 3.59 Foto © G. Kleinschmidt

Abb. 3.60 Foto © G. Kleinschmidt

Abb. 3.61 Foto © F. Tessensohn

3.11 Mylonite

Mylonite sind Scherzonengesteine mit ausgeprägter Foliation. Sie sind Produkte duktiler Deformation und werden daher überwiegend in metamorphen Gesteinen gebildet.

Abb. 3.62: *Blick von oben auf Mylonit aus der dextralen Kalinjala-Mylonitzone. Nördlich Port Neill, Eyre Peninsula, Südaustralien.*

Abb. 3.63: *Mylonit eines Migmatits in steil stehender Scherzone. Geschleppte Foliation links und rechts weist auf relative Hebung des rechten Blocks (Halbpfeile). Pringles Metamorphic Complex, Sierra de San Luis, Sierras Pampeanas, Argentinien.*

Abb. 3.64: *Orthogneis-Mylonit mit unterschiedlichen asymmetrischen Umrissen der verformten Feldspat-Porphyroklasten. Diese erlauben in diesem Fall keine Bestimmung des relativen Schersinns. Proterozoikum. Nordaustlandet, Svalbard.*

Abb. 3.62 *Foto © F. Tessensohn*

Abb. 3.63 *Foto © W. von Gosen*

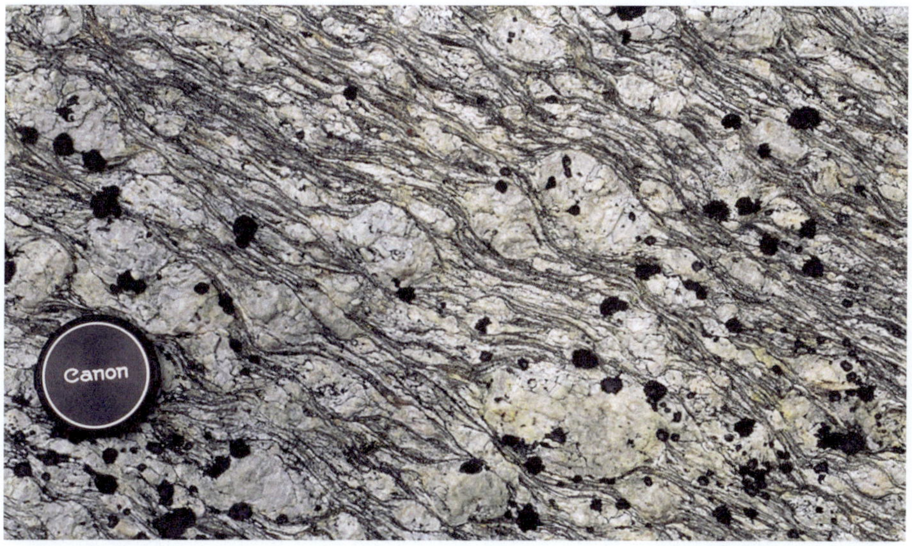

Abb. 3.64 *Foto © W. von Gosen*

Abb. 3.65: *Blick von oben auf Mylonit des Monte-Rosa-Granits mit penetrativer Foliation und einzelnen eingestreuten Feldspat-Porphyroklasten. Villadóssola, Italien, Westalpen.*

Abb. 3.66: *Straffe und penetrative Foliation im Mylonit des Stainzer Plattengneises. Der Mylonit enthält nur wenige und kleine Feldspat-Porphyroklasten. Koralpe, Steiermark, Österreich, Ostalpen.*

Abb. 3.67: *Das mylonitische Gesamtgefüge wird durch folgende Details unterstrichen:*
– unmittelbar links und knapp oberhalb vom Taschenmesser erkennt man Scherbänder,
– der helle Bereich links oberhalb des Taschenmessers enthält eine Intrafolialfalte,
– rechts oberhalb des Messers befindet sich ein δ-Klast.
Alle diese Indikatoren (vgl. Abschn. 10.2, 10.5 und 10.10) zeigen denselben Schersinn an: der obere Bildteil hat sich nach rechts bewegt (Halbpfeil). Lindqvist Nunatak, östliche Shackleton Range, Antarktis.

Abb. 3.65 Foto © W. von Gosen

Abb. 3.66 Foto © W. von Gosen

Abb. 3.67 Foto © F. Tessensohn

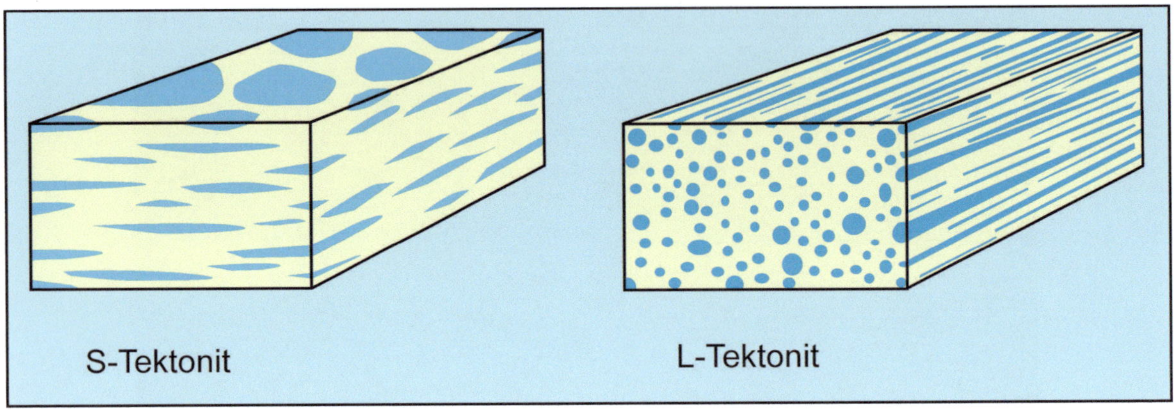

Abb. 3.68: S-Tektonit mit Plättungs- und L-Tektonit mit Streckungstextur, nach Reuther (2012), verändert.

Abb. 3.69: *Stengelförmige Dehnung von Feldspat-Aggregaten in einem Metagranitoid (L-Tektonit). Die Langachsen der gestreckten Aggregate verlaufen parallel zum Bleistift. Bangenhuk Unit, Proterozoikum, nördliches Ny Friesland, Spitzbergen.*

Abb. 3.70: *Gefalteter Mylonit. Herbert Mountains, Shackleton Range, Antarktis.*

Abb. 3.71: *Gefalteter Mylonit. Mt. Sheffield, Shackleton Range, Antarktis.*

Abb. 3.69 Foto © W. von Gosen

Abb. 3.70 Foto © F. Tessensohn

Abb. 3.71 Foto © F. Tessensohn

4 Faltung

Als Faltung bezeichnet man die Verbiegung von ursprünglich planaren Gesteinsschichten durch plastische und duktile Verformung. Diese Verformung kann primär während der Bildung des Gesteins entstehen (Fließfalten, Rutschfalten) oder sekundär durch tektonische Verbiegung von vorher ebenen Schichten (Biegegleitung oder „Scherfaltung“) bei schichtparalleler Verkürzung.

Falten bilden sich bei unterschiedlichen Drücken und Temperaturen, wie ihr Auftreten in Sedimentgesteinen und in schwach- bis hochmetamorphen Gesteinen zeigt.

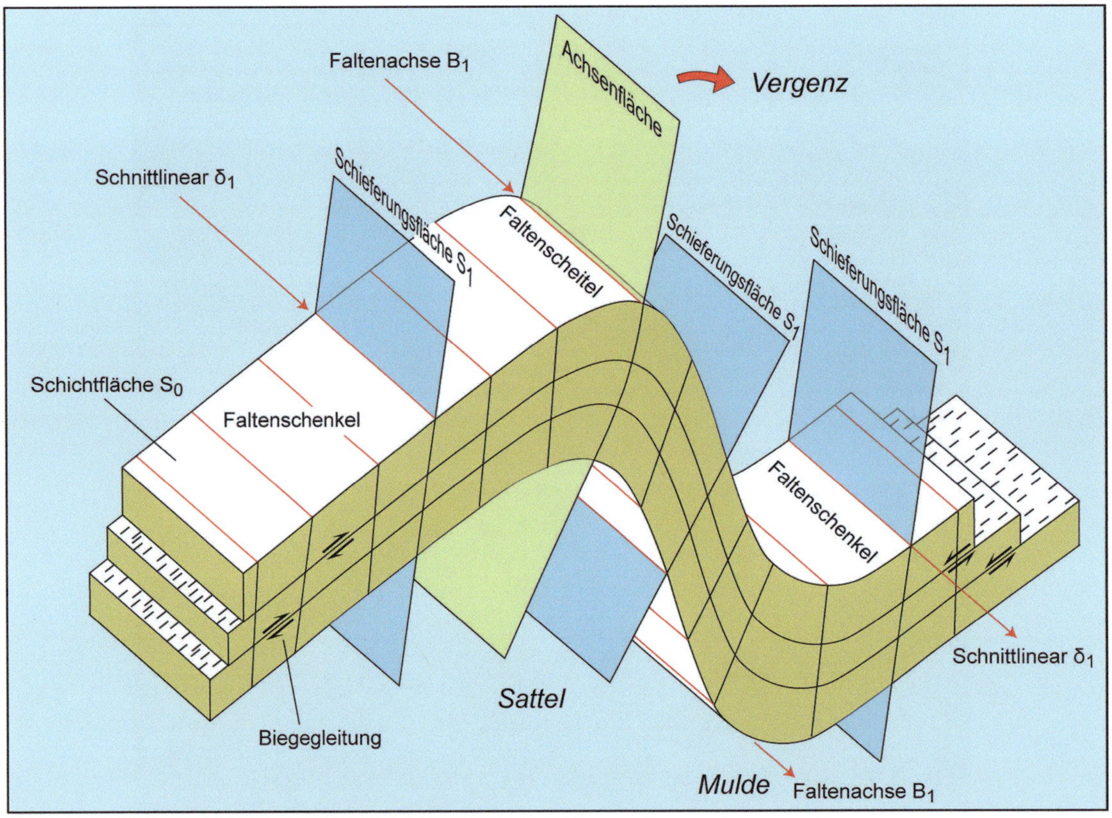

Abb. 4.01: Elemente einer ersten Falte (F_1).

Abb. 4.02: *Durch die rotgefärbten eisenschüssigen Lagen in der Schichtfolge wird die intensive Faltung betont. Gebänderte Eisenerz-Formation (Banded Iron Formation – BIF), Coppins Gap, Pilbara-Kraton, Westaustralien.*

W. von Gosen et al., *Tektonische Strukturen und ihre Interpretation - Ein Bildatlas,* https://doi.org/10.1007/978-3-662-48240-7_4

Abb. 4.02 *Foto © C.-D. Reuther*

4.1 Faltungsvorgang

Faltung, d. h. Krümmung (= Verbiegung eines ursprünglich ebenen flächigen geologischen Körpers) erfolgt durch seitliche Einengung (Zusammenschieben). In erster Linie werden zwei Prozesse dafür verantwortlich gemacht: Biegefaltung und „Scherfaltung".

4.1.1 Biegefaltung

Biegefaltung ist die ± duktile Verbiegung eines ebenen geologischen Elements, z. B. einer Schichtfläche oder einer Schicht. Bei der Biegefaltung eines Schichtstapels gleiten die beteiligten Schichten gleichzeitig (ein wenig) aneinander vorbei, insbesondere findet eine derartige Gleitung in relativ „weichen" (inkompetenteren) Lagen zwischen den verfalteten relativ „steifen" (kompetenteren) Schichten statt. Dies ist der häufigste Faltungsvorgang; er wird Biegegleitung genannt.

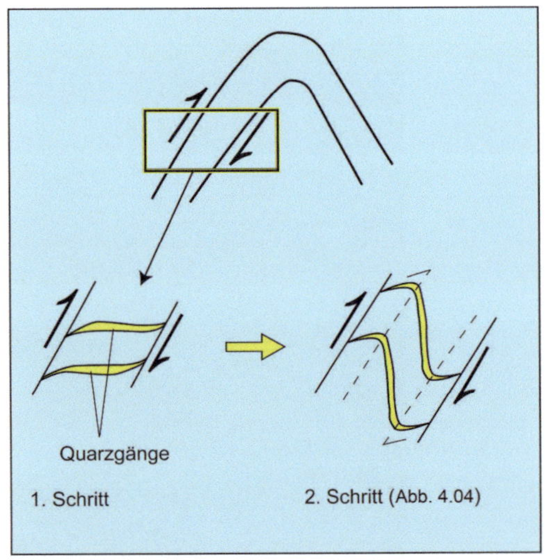

Abb. 4.03: Bei der Faltung (Verbiegung) von Schichtfolgen gleiten die äußeren Schichten einer Falte zur Faltenumbiegung (Faltenkern) hin (= sog. Faltenvorschub). Dadurch können sich auf den Faltenflanken Fiederspalten öffnen, die sich mit druckgelösten Stoffen – hier Quarz – füllen. Sie werden im Fortgang des Prozesses ihrerseits deformiert.

Abb. 4.04: *Faltungsvorgang Biegegleitung mit Entwicklung von Fiederquarzgängen in Tonschiefer-Grauwacken-Wechselfolge der Robertson Bay Group (Kambro-Ordoviz). Duke of York Island, Nordküste Nordvictorialands, Antarktis.*

Abb. 4.05: *Biegegleitung in einer Abfolge mit Wechsellagerung kompetenter und inkompetenter Bänke. Zollstock = 30 cm. Hammersley Gorge, Kanjini National Park, Pilbara-Kraton, Westaustralien. (Foto aus Reuther 2012, verändert).*

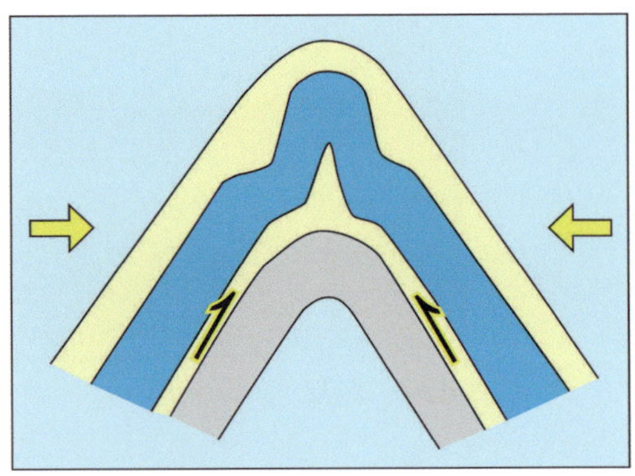

Abb. 4.06: Erläuterungsskizze zu Abb. 4.05. (Nach Inset aus Foto in Reuther 2012, verändert).

Abb. 4.04 Foto © G. Kleinschmidt

Abb. 4.05 Foto aus Reuther 2012, verändert

4.1.2 „Scherfaltung"

„Scherfaltung" führt zur (scheinbaren) Verbiegung von geologischen Flächen durch Partialbewegung (Scherung) auf einer engständigen, senkrecht zur Schicht und zur Einengungsrichtung stehenden Flächenschar. In reiner Form ist dieser Faltungsprozess schwer vorstellbar. Zu beobachten ist dagegen die Kombination von derartigen Scherbewegungen mit Biegefaltung, genannt Biegescherfaltung. Dabei stehen die Scherflächen nicht senkrecht zur Einengungsrichtung, sondern sind mehr oder weniger zu ihr und zueinander geneigt (konjugiert).

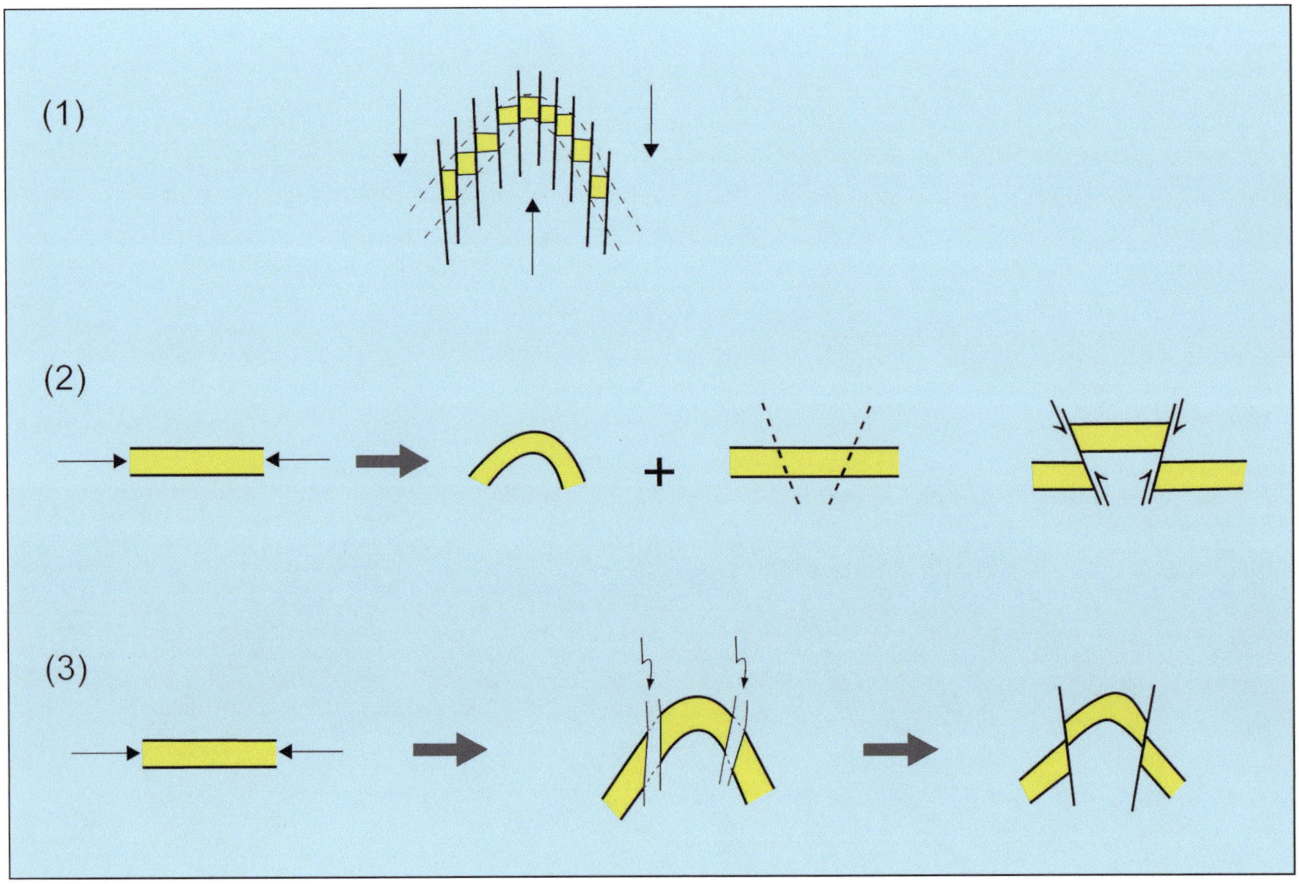

Abb. 4.07: Reine „Scherfaltung" (1) ist nur schwer denkbar: wahrscheinlicher ist (2) die Kombination von Biegung und Scherung (Schieferung als konjugierte Scherflächen) oder (3) die Kombination von Biegung und Drucklösung auf den Schieferungsflächen. Möglich ist auch die Kombination aller drei Mechanismen.

Abb. 4.08: *„Scherfaltung" in sandig-toniger Wechselfolge des Ordoviziums. Diese „Scherfaltung" lässt sich durch die Fälle (2) oder (3) erklären (s. o.). Ca. 5 km südlich Castlemaine (nahe Chewton), Victoria, Australien.*

Abb. 4.08 *Foto © G. Kleinschmidt*

4.2 Faltensymmetrie

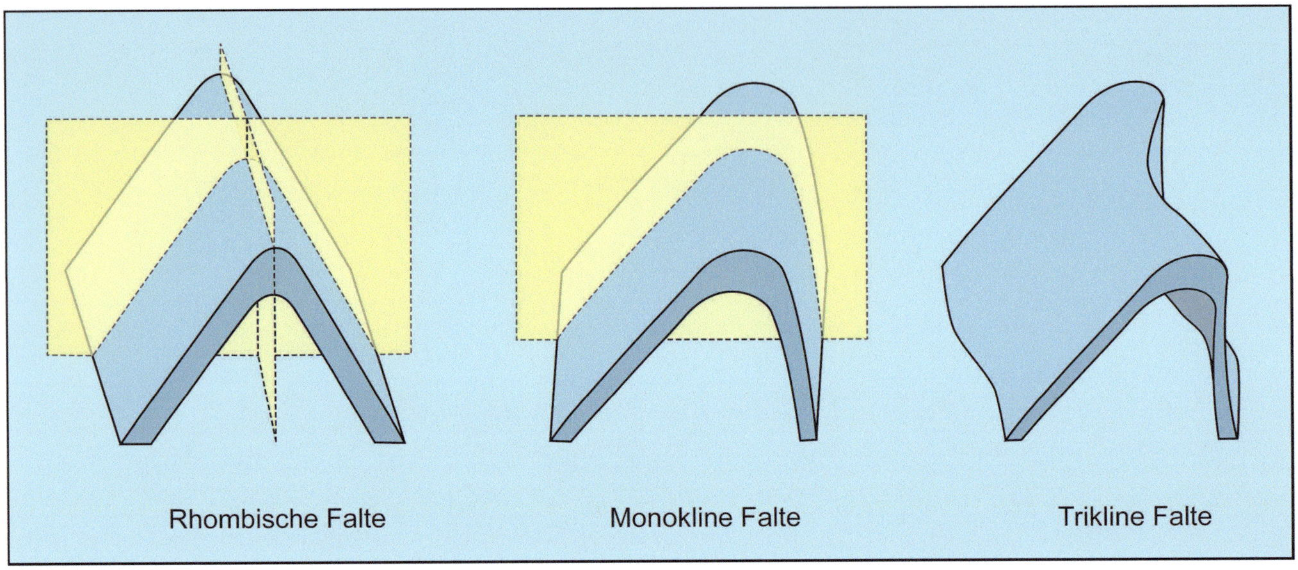

Abb. 4.09: Schematische Blockdarstellung der drei Faltensymmetrien mit Symmetrieebenen (gelb). Eine rhombische Falte enthält zwei senkrecht zueinander stehende Symmetrieebenen, eine monokline eine und eine trikline Falte keine Symmetrieebene. Rhombische und monokline Falte werden auch als zylindrisch, die trikline als nicht-zylindrisch bezeichnet.

4.2.1 Rhombisch

Abb. 4.10: *Offene rhombische Antiklinale in Sand- und Siltsteinen der Oberkreide. Aufschlusshöhe im Scheitelbereich ~ 20 m. Kilen, Kronprins Christian Land, Nordostgrönland. (Foto aus von Gosen und Piepjohn 2003, Fig. 13(b), verändert).*

Abb. 4.10

Foto aus von Gosen und Piepjohn 2003, Fig. 13(b), verändert

4.2.2 Monoklin

Abb. 4.11: *Schiefe, monokline Falte in Tonschiefer-Grauwacken-Wechselfolge des oberen Kambriums. Mt. Frishman, Robinson Heights, Transantarktisches Gebirge, Nordvictorialand, Antarktis.*

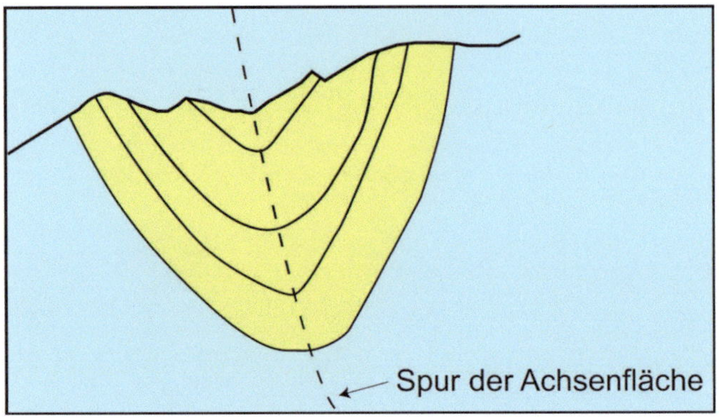

Abb. 4.12: Skizze zu Abb. 4.11.

Abb. 4.13: *Überkippte monokline Falte. Die nach rechts geneigte Achsenfläche bildet keine Symmetrieebene. Die steil einfallenden Schenkel der Falte sind jeweils überkippt. Permokarbon westlich Svartfjellet, westliches Oscar II Land, Spitzbergen. (Foto F. Tessensohn aus Tessensohn et al. 2001, Ausschnitt).*

Abb. 4.14: *Liegende monokline Falte mit nahezu horizontaler Achsenfläche in Quarzit unbekannten Alters. Metamorphose panafrikanisch (ca. 500–550 Ma). Nunatak südlich von Charlesworth Cliffs, Herbert Mountains, Shackleton Range, Antarktis.*

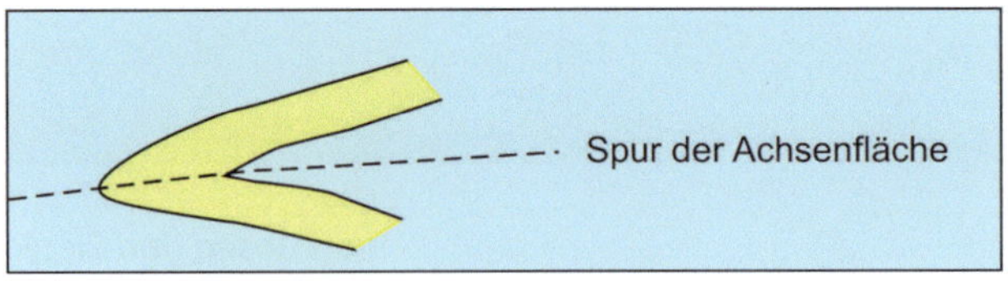

Abb. 4.15: Skizze zu Abb. 4.14.

Abb. 4.11 *Foto © G. Kleinschmidt*

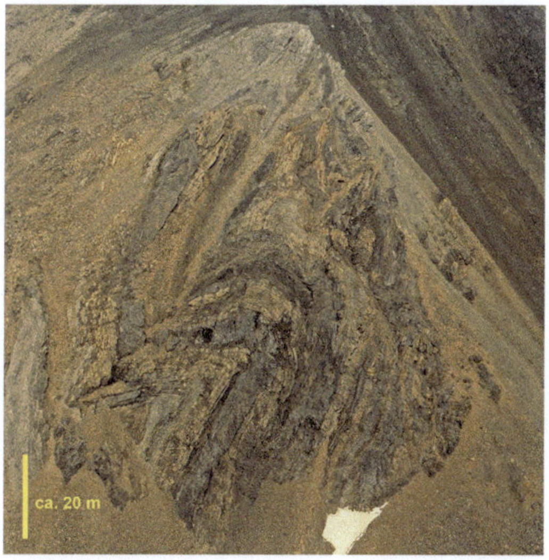

Abb. 4.13 *Foto F. Tessensohn aus Tessensohn et al. 2001, Ausschnitt*

Abb. 4.14 *Foto © F. Tessensohn*

4.2.3 Triklin

Abb. 4.16: *Blick auf den Scheitel einer triklinen (nicht-zylindrischen) Falte in kambrischem Kalk. Es gibt keine Symmetrieebene. Zonda, östliche Präkordillere, Argentinien. (Foto W. von Gosen, aus Zulauf et al. 2017).*

Abb. 4.17: *Trikline (nicht-zylindrische) Falte in devonischen Turbiditen. Platges de Ferragut, Nordküste von Menorca, Balearen, Spanien.*

Abb. 4.16 *Foto W. von Gosen, aus Zulauf et al. 2017*

Abb. 4.17 *Foto © F. Tessensohn*

4.3 „Umlaufendes" Streichen

Nicht-zylindrische Falten (Mulden wie Sättel) mit geneigten Faltenachsen führen im Schnitt mit der Erdoberfläche zu „umlaufendem" Streichen, d. h. die Streichrichtung einer betroffenen Schicht oder Schichtfläche ändert sich in ihrem Verlauf kontinuierlich um meist mehr als 90°, gelegentlich bis 180° (Abb. 4.18).

Abb. 4.18: *Das Satellitenbild zeigt einen Sattelkern mit umlaufendem Streichen. Am rechten Bildrand stört die rückschreitende Erosion das regelmäßige Bild durch Vertiefen des Anschnitt-Niveaus. Sättel und Mulden kann man meistens am Einfallen der randlichen Schichten unterscheiden, hier z. B. am Kliff unter der hellen Bank am rechten Bildrand. Mc Donnell Ranges, ca. 200 km südwestlich von Alice Springs, Northern Territories, Australien.*

Abb. 4.18 *Foto © Google Earth*

4.4 Einengungsgrad

siehe Abb. 4.20

siehe Abb. 4.21

siehe Abb. 4.22

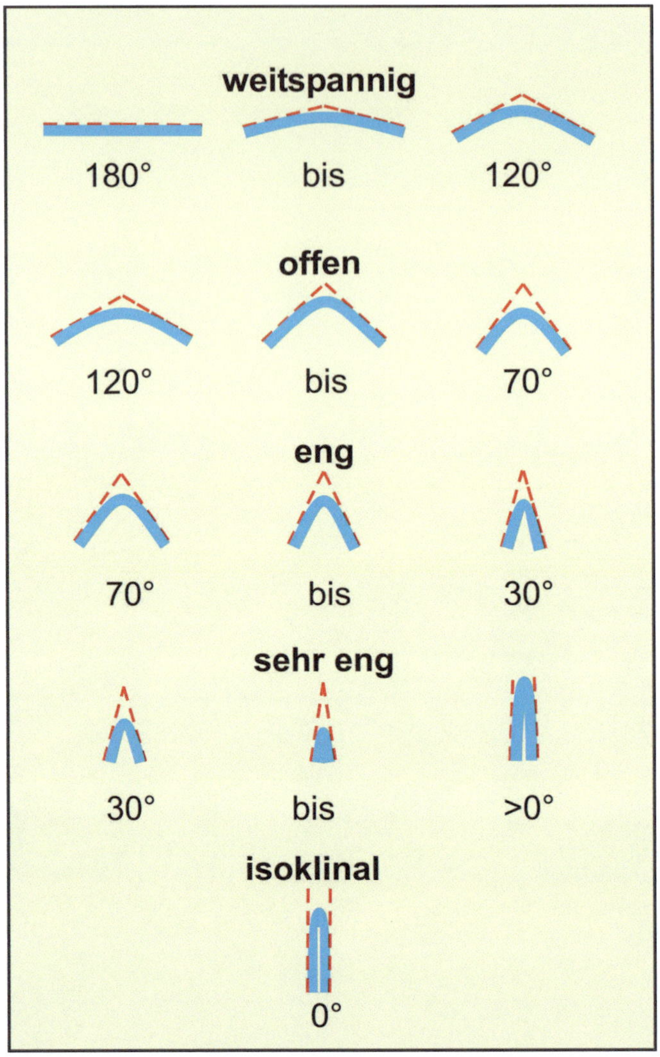

Abb. 4.19: Übersicht der Einengungsgrade.

Abb. 4.20: *Weitspannige Falte (gentle fold) (Öffnungswinkel 120–180°). Turbiditischer Sandstein der Punta Barrosa Formation, Kreide. Südufer des Seno Ultima Esperanza, bei Porto Natales, südliche Anden, Südchile.*

Abb. 4.21: *Offene Falte (open fold) in der Robertson Bay Group (Kambro-Ordovizium). Turbidit-Folgen lassen sich durch die Wechsellagerung kompetenter und inkompetenter Schichten besonders leicht falten. Nordküste Nordvictorialands, Antarktis.*

Abb. 4.22: *Enge Synklinale und Antiklinale (tight fold) in mittelkambrischen Kalken und dunklen, rötlichen Schiefern der Parrish Glacier Formation. Carl Ritter Bay, Ellesmere Island, kanadische Arktis.*

Abb. 4.20 *Foto © G. Kleinschmidt*

Abb. 4.21 *Foto © G. Kleinschmidt*

Abb. 4.22 *Foto © W. von Gosen*

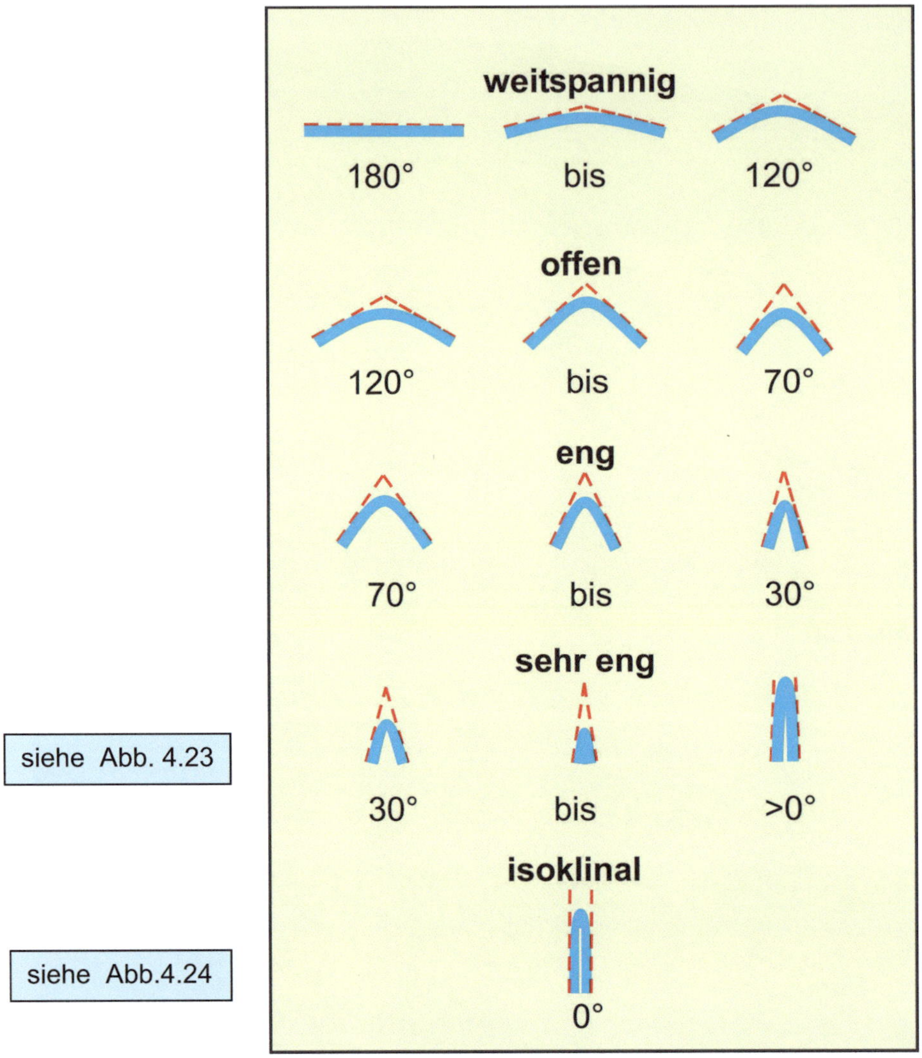

Abb. 4.19 (Fortsetzung): Übersicht der Einengungsgrade.

Abb. 4.23: *Sehr enge Falte (tight fold) in jungproterozoischen Kalk-Silikat-Gesteinen. Ostrand des Naukluft-Gebirges nahe Bullsport, Namibia, Afrika.*

Abb. 4.24: *Isoklinale Falte (isoclinal fold) in vorkambrischem Quarzit. Deformation und Metamorphose durch die Ross-Orogenese (~ 500 Ma). Priestley Formation, 10 km südlich von Mt. Leverick, Deep Freeze Range, Transantarktisches Gebirge, Nordvictorialand, Antarktis.*

Abb. 4.23 Foto © F. Tessensohn

Abb. 4.24 Foto © G. Kleinschmidt

4.5 Faltenklassen

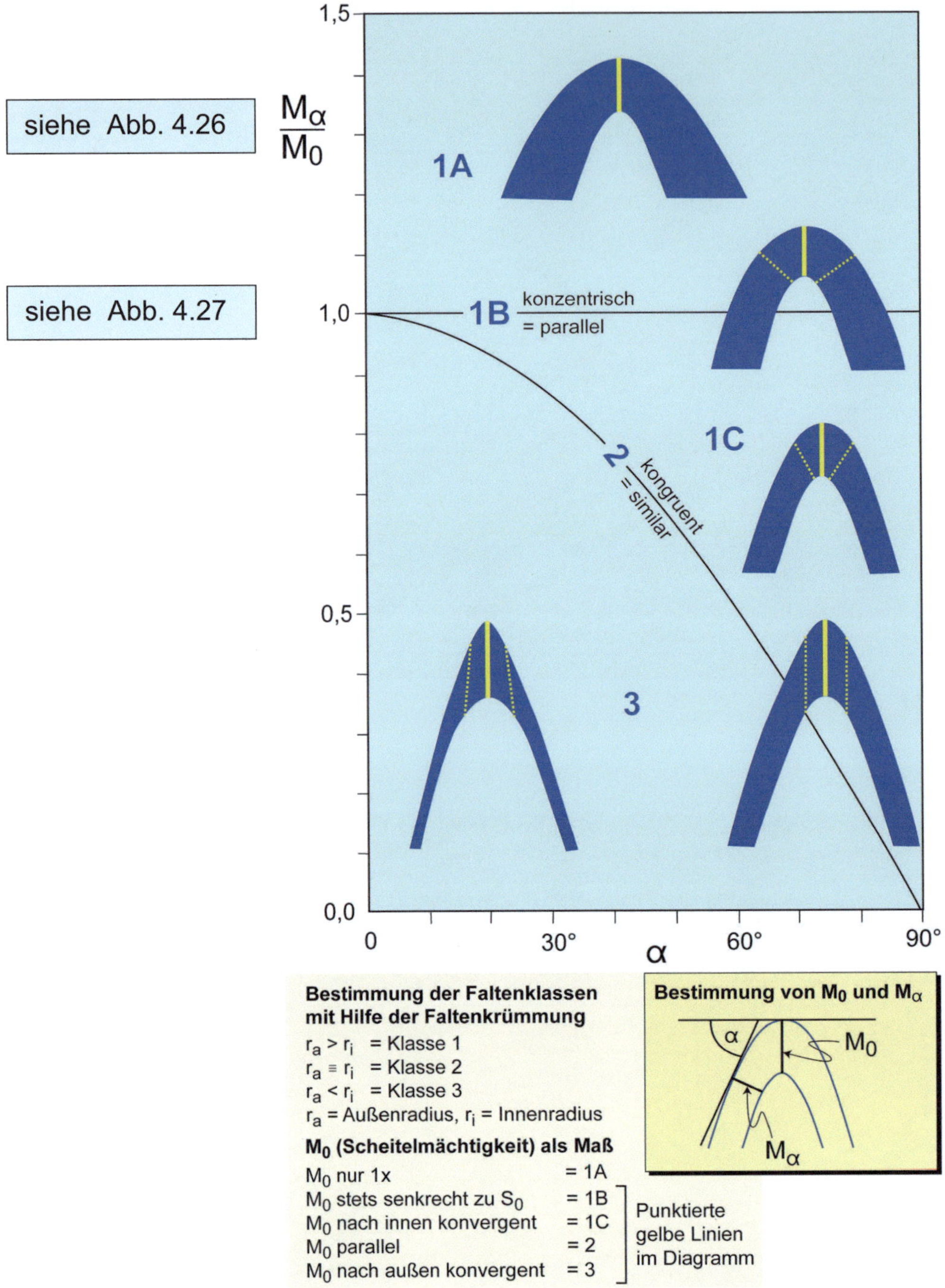

Abb. 4.25: Faltenklassen, zusammengestellt und verändert nach Ramsay (1967) und Möbus (1989).

Abb. 4.26: *Faltenklasse 1A (M_0 nur im Scheitel, Scheitel verdünnt). Ordovizische Tonschiefer südlich Castlemaine, nahe Chewton, Victoria, Australien.*

Abb. 4.27: *Faltenklasse 1B ($r_a > r_i$, M_0 senkrecht zu S_0). Kieselschiefer des Visé. Nordküste der Halbinsel Binimel.là, Menorca, Balearen, Spanien.*

Abb. 4.26 *Foto © G. Kleinschmidt*

Abb. 4.27 *Foto © F. Tessensohn*

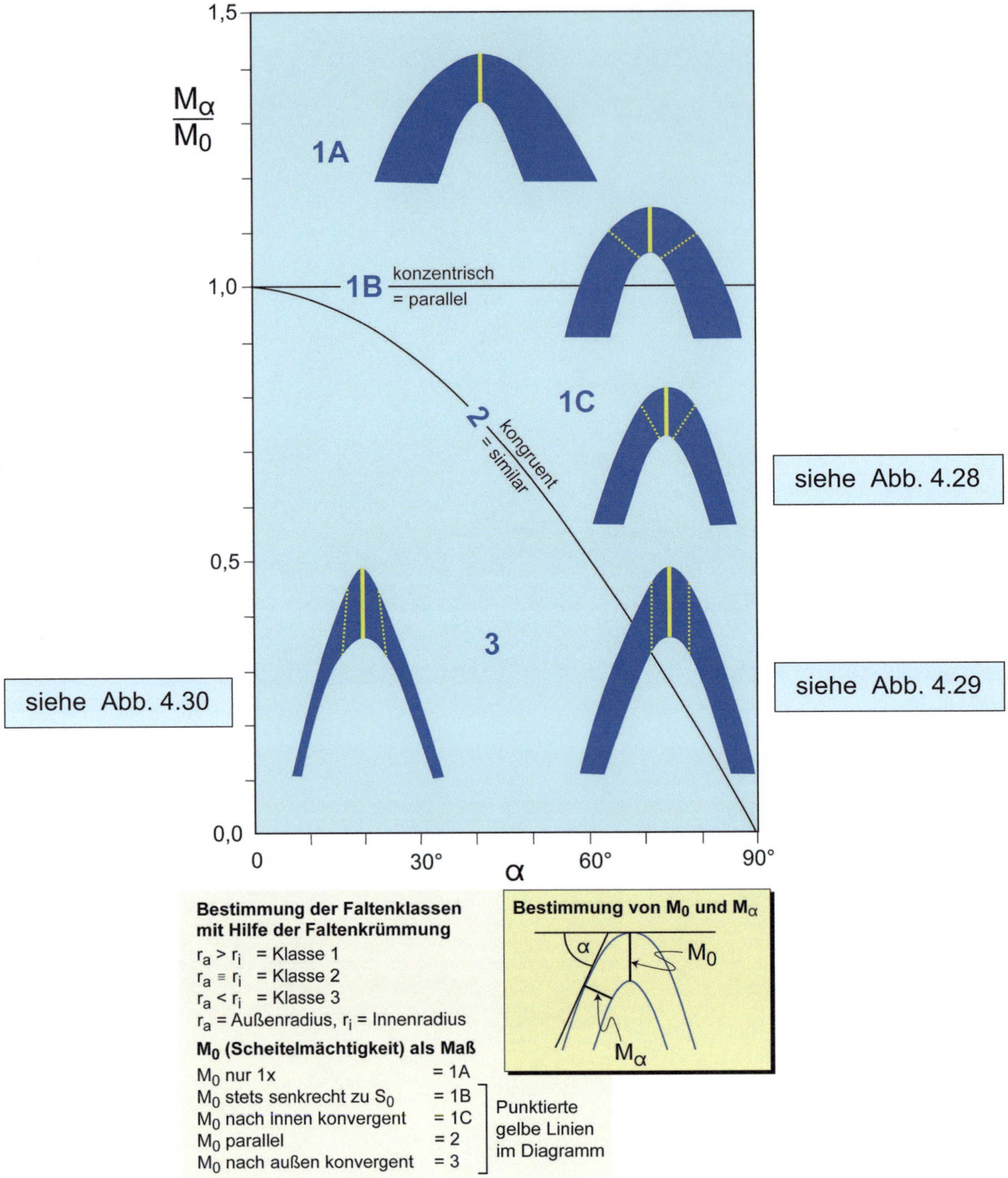

Abb. 4.25 (Fortsetzung): Faltenklassen, zusammengestellt und verändert nach Ramsay (1967) und Möbus (1989).

Abb. 4.28: *Faltenklasse 1C ($r_a > r_i$, Scheitel verdickt). Lateritisch verwitterte turbiditische Sandsteine des Ordoviziums. Maßstab (Pfeil) = 1 m. Zwischen Blompied und Dalesford, Victoria, Australien.*

Abb. 4.29: *Faltenklasse 2 ($r_a \approx r_i$, Scheitel verdickt, M_0 überall parallel). Kambro-ordovizische Metagrauwacke. Mt. Mulach, Lillie Glacier, Transantarktisches Gebirge, Nordvictorialand, Antarktis. (Foto G. Kleinschmidt aus Kleinschmidt und Skinner 1981).*

Abb. 4.30: *Faltenklasse 3 ($r_a < r_i$, besonders rechts vom Hammerkopf, Scheitel verdickt). Lanterman-Metakonglomerat, Metamorphose und Deformation durch die Ross-Orogenese (~ 500 Ma). Lanterman Range, Transantarktisches Gebirge, Nordvictorialand, Antarktis.*

Abb. 4.28 *Foto © G. Kleinschmidt*

Abb. 4.29 *Foto G. Kleinschmidt aus Kleinschmidt und Skinner 1981*

Abb. 4.30 *Foto © G. Kleinschmidt*

4.6 Disharmonische Faltung

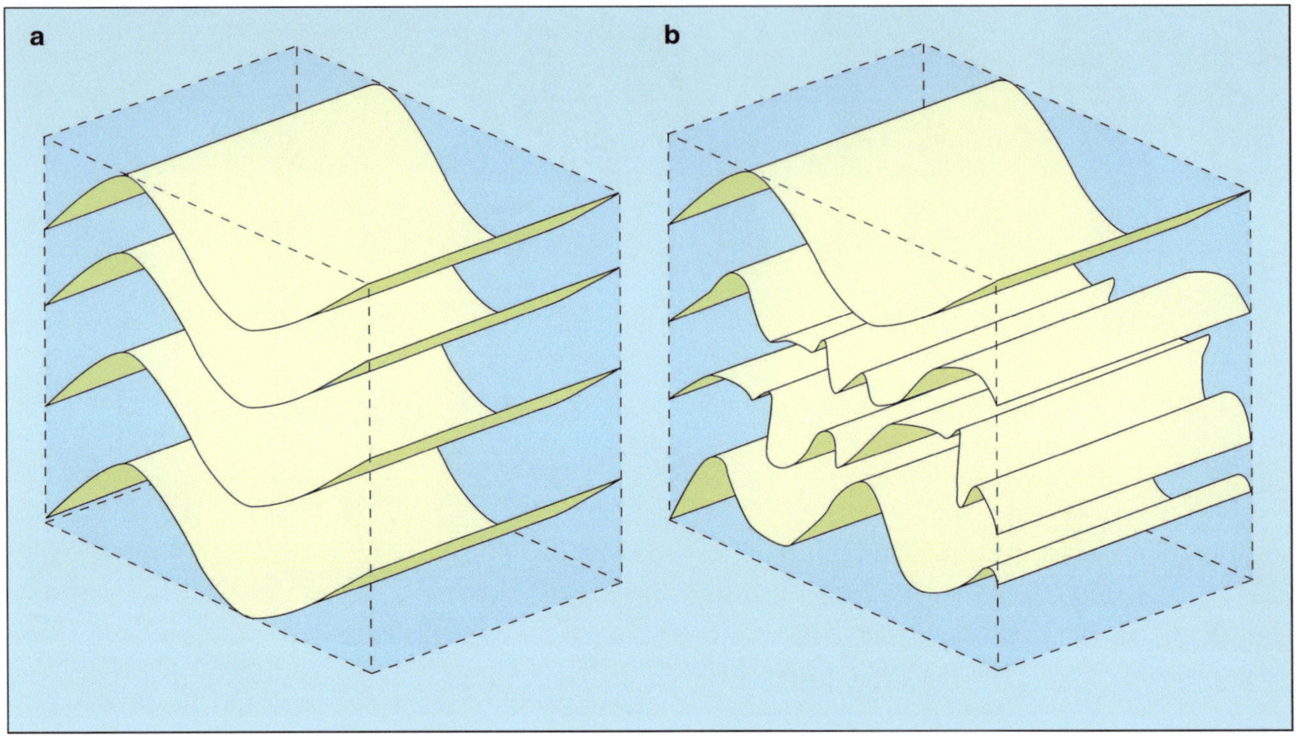

Abb. 4.31: Harmonische (a) und disharmonische (b) Faltung, verändert nach Fig. 3.6 in Lisle (2004, siehe Literaturverzeichnis). Verwendet mit Erlaubnis von Elsevier / Global Book Production, Copyright © Richard J. Lisle 1995, 2004.

Abb. 4.32: *Disharmonische Faltung in Metasedimenten der Moine-Serie. Feldspatreiche Lagen (oben und unten) sind offen verfaltet, dünne quarzreiche Lagen (Zentrum) zeigen dagegen eine enge Verfaltung im cm-Bereich. Loch Monar, Kaledoniden, Schottland.*

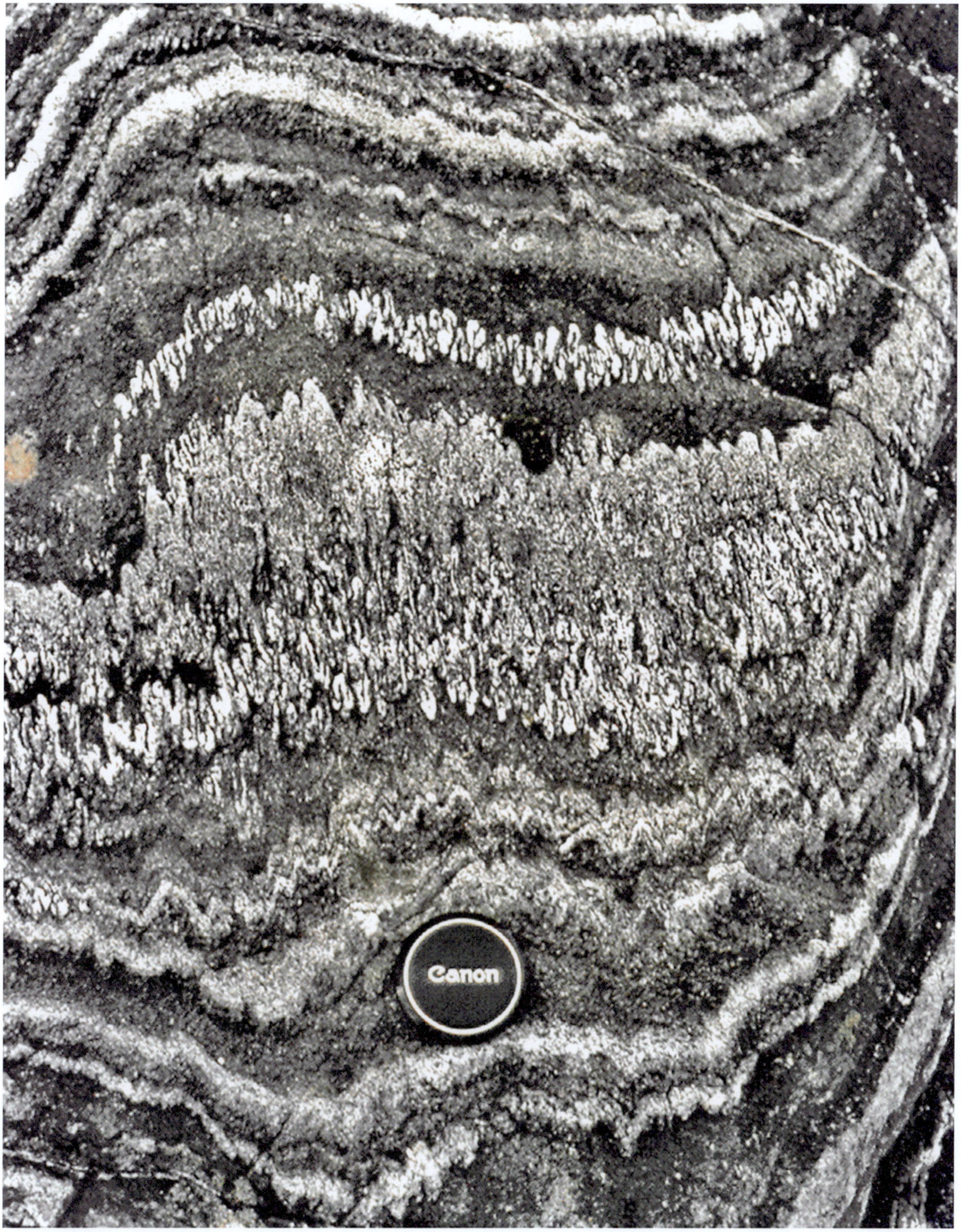

Abb. 4.32 *Foto © W. von Gosen*

4.7 Ptygmatische Strukturen

Der oft benutzte Begriff „ptygmatische Falte“ ist streng genommen eine Tautologie, da griechisch „Ptygma“ Falte heißt.

Ptygmatische Strukturen sind sehr unregelmäßig ausgebildete Falten im cm-Bereich, bei denen Verdickungen und Verdünnungen und damit die Mächtigkeiten der betroffenen Lage regellos miteinander abwechseln, und zwar ohne Rücksicht auf ihre Positionen in Faltenschenkeln oder Faltenscheiteln. Sie bilden sich generell in Gesteinen mit geringer Viskosität und dennoch relativ deutlichen Kompetenzkontrasten.

Ptygmatische Strukturen treten vor allem bei Quarz-Feldspat-Adern in hochduktilen, hochmetamorphen Gesteinen auf (z. B. Migmatite und anatektische Gneise). Bei niedrigen Temperaturen bilden sich analoge Strukturen in Salz- und verwandten Gesteinen (z. B. „Gekrösegips“).

Abb. 4.33: *Ptygmatische Struktur in Biotitgneis. Bildhöhe ca. 20 cm. Metamorphose und Deformation durch die Ross-Orogenese (~ 500 Ma). Wilson Hills, Transantarktisches Gebirge, Oates-Land, Antarktis.*

Abb. 4.33 *Foto © G. Kleinschmidt*

4.8 Faltenformen

Unter Faltenformen werden alle möglichen geometrischen Erscheinungen von Falten und faltenähnlichen Gebilden zusammengetragen, die sich einer systematischen Einordnung in die zuvor genannten Kategorien (Faltensymmetrie, Einengungsgrad von Falten, Faltenklassen) entziehen.

4.8.1 Flexur

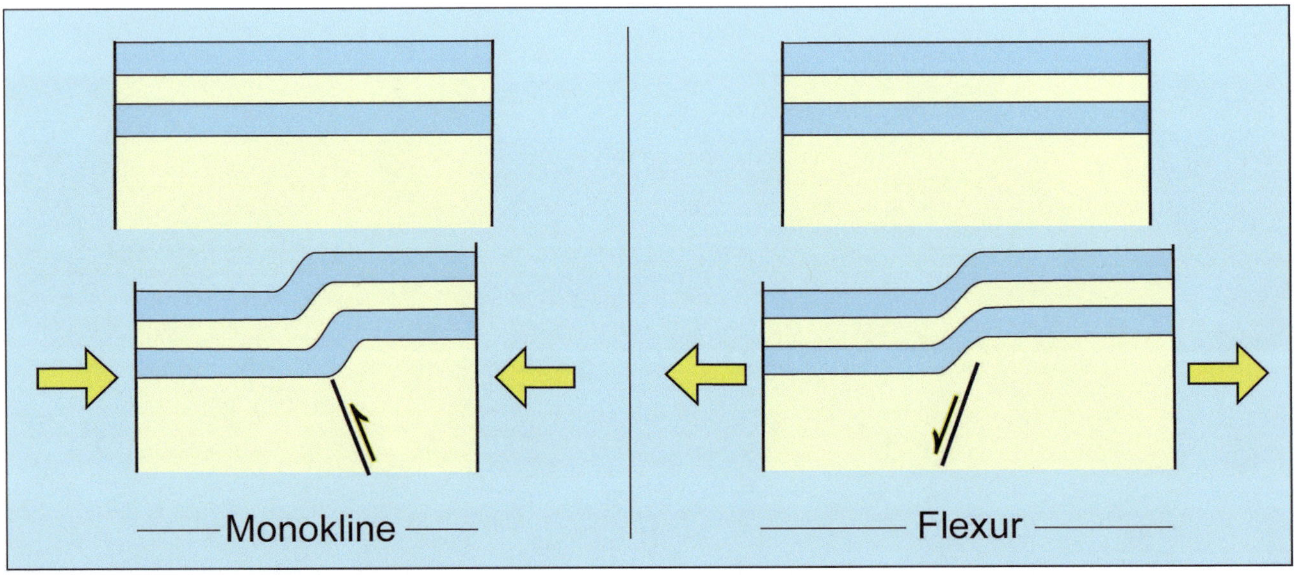

Abb. 4.34: Skizze zu Monokline und Flexur, verändert nach Reuther (2012). Die Monokline wird oft ebenfalls als Flexur bezeichnet.

Abb. 4.35: *Während die untere helle Schicht durch eine Abschiebung zertrennt wird, gibt die obere helle Bank der Beanspruchung durch eine Verbiegung (Flexur) nach. Karbon von Bude, Cornwall, England. (Foto aus Reuther 2012, verändert).*

Abb. 4.35 *Foto aus Reuther 2012, verändert*

4.8.2 Kofferfalten

Mit der Anordnung ihrer Schenkel und der oberen Scheitelregion erinnern Kofferfalten an einen Kasten oder Koffer. Sie bilden sich im seichten Krustenniveau bei relativ niedrigen Drücken und Temperaturen.

Abb. 4.36: *Kofferfalte in ordovizischen Kalken. Oberes Pavy-River-Tal, Judge Daly Promontory, Ellesmere Island, kanadische Arktis.*

Abb. 4.36 *Foto © F. Tessensohn*

4.8.3 Knickfalten

Knickfalten haben gerade Schenkel und scharfe Umbiegungen. Sie bilden sich in Gesteinsfolgen mit ausgeprägter planarer Anisotropie, d. h. einem deutlichen Lagenbau mit starkem Kompetenzkontrast zwischen cm- bis dm-dicken, kompetenten (= relativ spröden) und mm- bis cm-dünnen, inkompetenten (= relativ duktilen) Lagen.

Knickfaltung ist mit Biegegleitfaltung insofern verwandt, als bei beiden ein deutlicher Transport (Scherung) der äußeren kompetenten Lagen in Richtung der Faltenumbiegung (Faltenscheitel) stattfindet. Diese Scherung spielt sich im Bereich der inkompetenten Lagen ab.

Knickfalten sind Ausdruck einer insgesamt kälteren und spröderen Verformung in relativ seichtem Krustenniveau. In metamorphen Gesteinskomplexen repräsentieren sie eine späte Verformungsphase bei abklingender Metamorphose und daher bei relativ niedrigen Temperaturen.

Abb. 4.37: *Liegende Knickfalten in oberkarbonischen Sand- und Tonsteinen der Crackington Formation. Maßstab: Person (Pfeil). Millook Haven, Cornwall, England.*

Abb. 4.38: *Knickfalten in silurischen Kieselschiefern. Tal westlich Friggfjord, Peary Land, Nordostgrönland.*

Abb. 4.37 *Foto © C.-D. Reuther*

Abb. 4.38 *Foto © F. Tessensohn*

4.8.4 Krenulation

Krenulation (Runzelung) ist eine sehr feine Verfältelung von Schicht- oder Schieferungsflächen mit Amplituden und Wellenlängen im mm-Bereich.

Abb. 4.39: *Krenulation (Fältelung, Runzelung) in ordovizischem Tonschiefer mit sandigen Lagen (hell). Südöstlich Chewton bei Castelmaine, Victoria, Australien.*

Abb. 4.39 *Foto © G. Kleinschmidt*

4.8.5 Intrafolialfalten

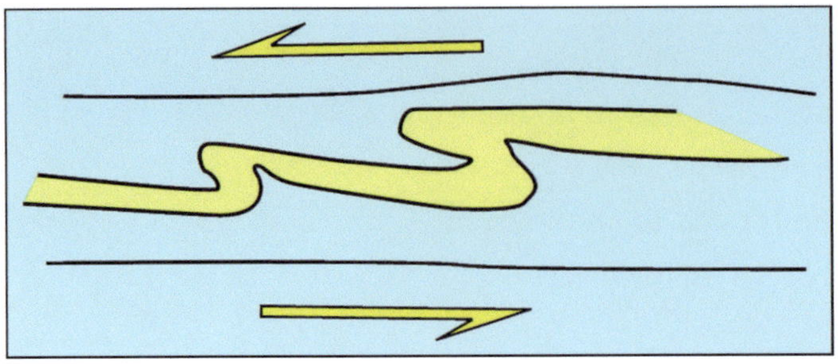

Abb. 4.40: Intrafolialfalten treten stellenweise in gescherten Gneiskomplexen mit ausgeprägter Foliation auf. Sie werden im Hangenden und Liegenden von der durchlaufenden Foliation begrenzt und geben einen örtlichen Schersinn an (vgl. auch Abschn. 10.10).

Abb. 4.41: *Migmatit mit Intrafolialfaltung im Maud Belt. Halbpfeil zeigt Schersinn, Maßstab: Eispickelschaft. Deformation und Metamorphose grenvillisch (~ 1,1 Ga). H.U.Sverdrupfjella (Krithovden), westliches Dronning Maud Land, Antarktis.*

Abb. 4.41 *Foto © G. Kleinschmidt*

4.8.6 Köcherfalten

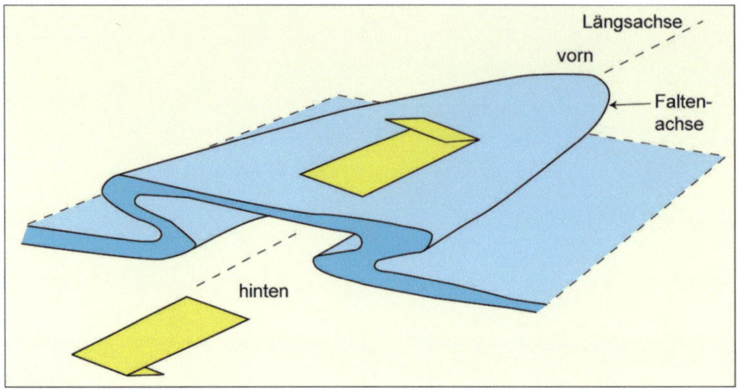

Abb. 4.42: Köcherfalten (auch Futteralfalten; engl. „sheath folds") bilden sich in Abschnitten mit hoher interner Verformung, wobei ihre Längsachsen parallel zur Bewegungsrichtung orientiert sind. Die Faltenachsen können extrem gekrümmt sein (vgl. Cobbold und Quinquis 1980). Mit fortlaufender Scherung nimmt die Krümmung der Faltenachsen zu. Der übergeordnete generelle Schersinn, dargestellt in den gelben Halbpfeilen der Abb. 4.42 und 4.44, kann aus der Geometrie der Falten hergeleitet werden (vgl. dazu Alsop 2009).

Abb. 4.43: *Schnitt durch den hinteren Teil einer Köcherfalte in einem Quarzit. Metamorphose und Deformation wohl panafrikanisch (~ 550 Ma). Shaler Cliffs, nördlichste Shackleton Range, Antarktis.*

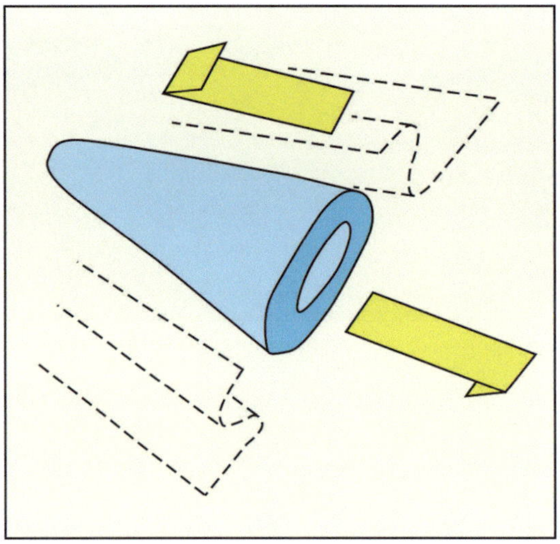

Abb. 4.44: Skizze zu Abb. 4.45. Schnitt durch den vorderen Teil einer Köcherfalte.

Abb. 4.45: *Schnitt durch den vorderen Teil einer Köcherfalte in migmatitischem Gneis. Metamorphose und Deformation wohl panafrikanisch (~ 550 Ma). Mt. Sheffield, nördliche Shackleton Range, Antarktis.*

Abb. 4.43 *Foto © G. Kleinschmidt*

Abb. 4.45 *Foto © G. Kleinschmidt*

4.8.7 Wurzellose Falten

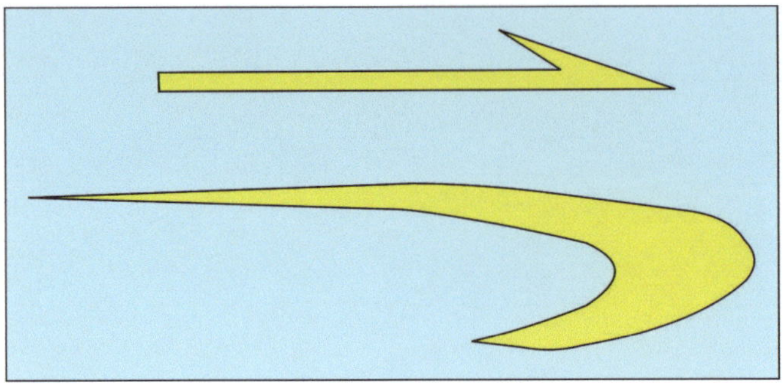

Abb. 4.46: Wurzellose Falten sind isolierte Falten in einer penetrativ foliierten Umgebung.

Abb. 4.47: *Isolierte Falte aus Quarzmobilisat, die sich im vorliegenden Fall auch als Intrafolialfalte betrachten lässt und so örtlich den Schersinn angibt. Quarzitischer Biotitgneis aus dem Ross-Orogen (~ 500 Ma). Lanterman Range, Transantarktisches Gebirge, Nordvictorialand, Antarktis.*

Abb. 4.48: *Wurzellose Falten in klastischer Folge des Perms aus gelblichen Siltsteinen und dunkleren Schiefern. Station Nord, Peary Land, Nordostgrönland.*

Abb. 4.47 Foto © G. Kleinschmidt

Abb. 4.48 Foto © F. Tessensohn

4.9 Schleppfalten

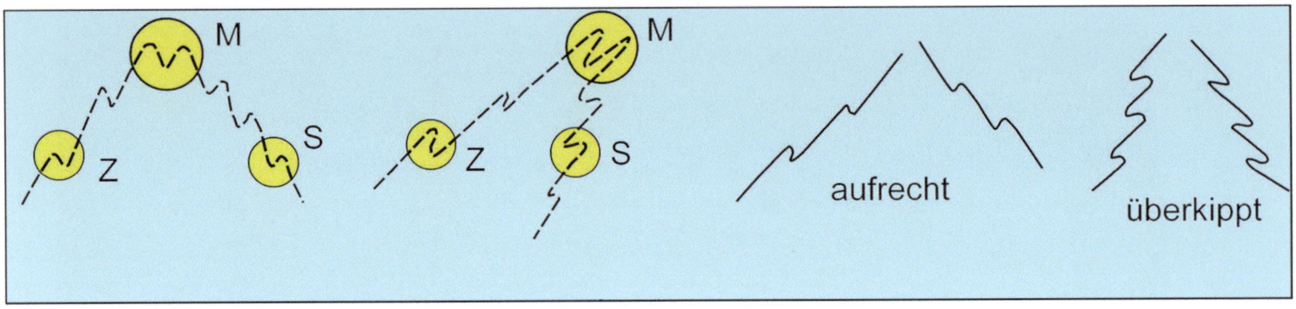

Abb. 4.49: Schleppfalten (Parasitärfalten) setzen größere, übergeordnete Falten zusammen. Aus dem Verhältnis von Lang- und Kurzschenkeln der Schleppfalten (bzw. aus ihrer Symmetrie) lässt sich ablesen, auf welchem Schenkel der Gesamtfalte man sich befindet und ob dieser aufrechte oder überkippte Lagerung zeigt. In einem übergeordneten Sattel liegen Z-förmige Schleppfalten links, S-förmige rechts vom Scheitel, M-förmige am Scheitel selbst.

Abb. 4.50: *Schleppfalten in dünnbankigen Kalksteinen der Barcaliente Formation des Namur. Die S-Form weist darauf, dass der übergeordnete Sattel links vom Bild folgt. Kantabrisches Gebirge, Spanien. (Foto aus Reuther 2012).*

Abb. 4.50 *Foto aus Reuther 2012*

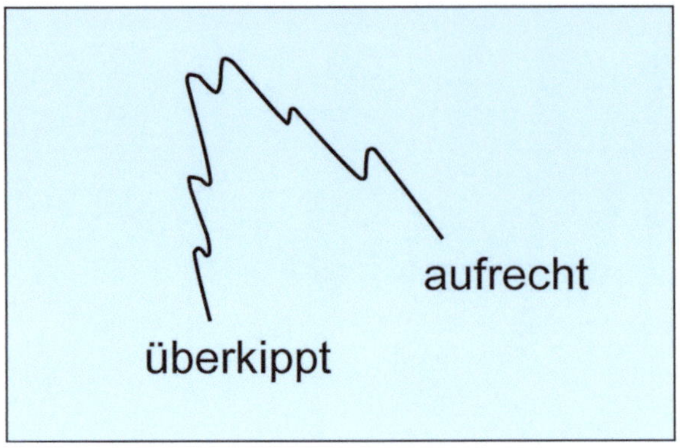

Abb. 4.51: Skizze zu Abb. 4.52. Im vorliegenden Fall ist der linke Faltenschenkel überkippt.

Abb. 4.52: *Schleppfalten in jungpaläozoischen bis mittelmesozoischen Biotitschiefern bis Phylliten. Maßstab (Pfeil): Taschenmesser. Metamorphose Jung-Mesozoikum. Fox Glacier, Westland, Südinsel Neuseelands.*

Abb. 4.52 *Foto © G. Kleinschmidt*

4.10 Mehrfache Faltung

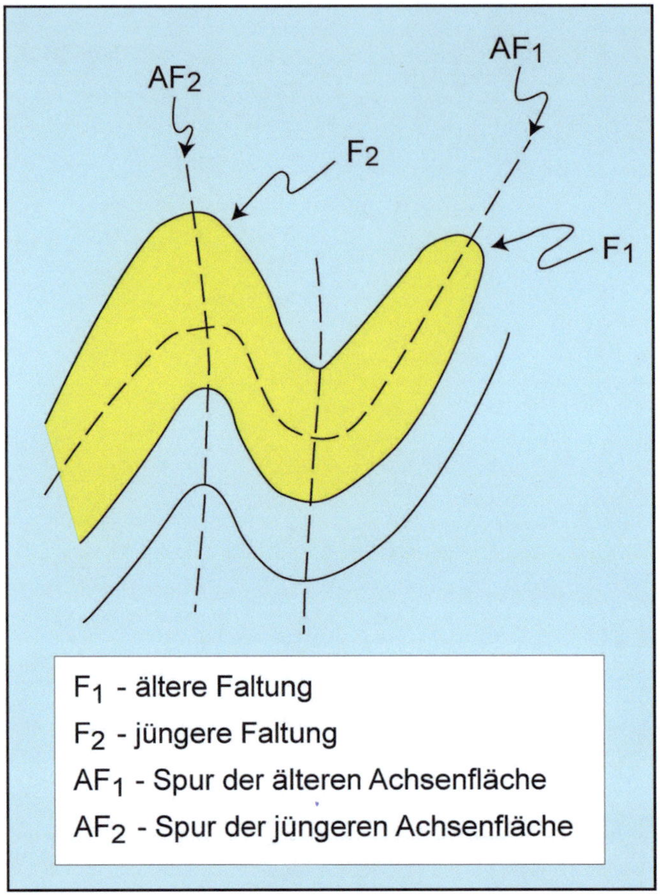

Abb. 4.53: Skizze zu Abb. 4.54. Ältere Falten (F_1) und deren Achsenflächen (AF_1) werden erneut verfaltet (F_2). In unterschiedlichen Anschnitten können dann komplizierte Muster abgebildet werden, die auch aus verschiedenen Orientierungen und Geometrien der überlagerten Falten resultieren (vgl. auch Interferenzmuster des Abschn. 4.10.1).

Abb. 4.54: *Mehrfachfaltung (Wiederfaltung) in gebändertem Amphibolit. Metamorphose und Deformation panafrikanisch (~ 550 Ma). Da das gefaltete Gestein gebändert und kompliziert geschiefert ist, gehen der älteren Faltung (F_1) noch frühere Deformationen voraus. Stratton Group, True Hills, nördliche Shackleton Range, Antarktis.*

Abb. 4.54 *Foto © G. Kleinschmidt*

Abb. 4.55: *Mehrfache Verfaltung in Metasedimenten. Isolierte Falten in Quarz-Feldspat-reichen Lagen (hell) zeigen mindestens zweifache enge bis isoklinale Faltung an, die auch in den dunklen, metapelitischen Lagen angedeutet wird. Sierra de El Gigante, Sierras Pampeanas, Argentinien.*

Abb. 4.55 *Foto © W. von Gosen*

4.10.1 Interferenzmuster

Mehrfachfaltung, insbesondere um Faltenachsen unterschiedlicher Raumlage, erzeugt im Anschnitt oft nur schwer deutbare Interferenzmuster.

Abb. 4.56: Beispiele von Interferenzmustern durch Mehrfachfaltung (zusammengestellt und verändert nach Ramsay 1967 und Möbus 1989).

Abb. 4.57: *Zweidimensionale Interferenzmuster von Falten in Metasedimenten der Moine-Serie. Muster unter dem Hammer ähnelt dem Typ 1-Interferenzmuster von obiger Abbildung. Typ 1-Muster können nach Resultaten von Analogmodellierungen auch in nur einem Verformungsvorgang gebildet werden (Zulauf et al. 2016). Loch Monar, Kaledoniden, Schottland.*

Abb. 4.57 *Foto © W. von Gosen*

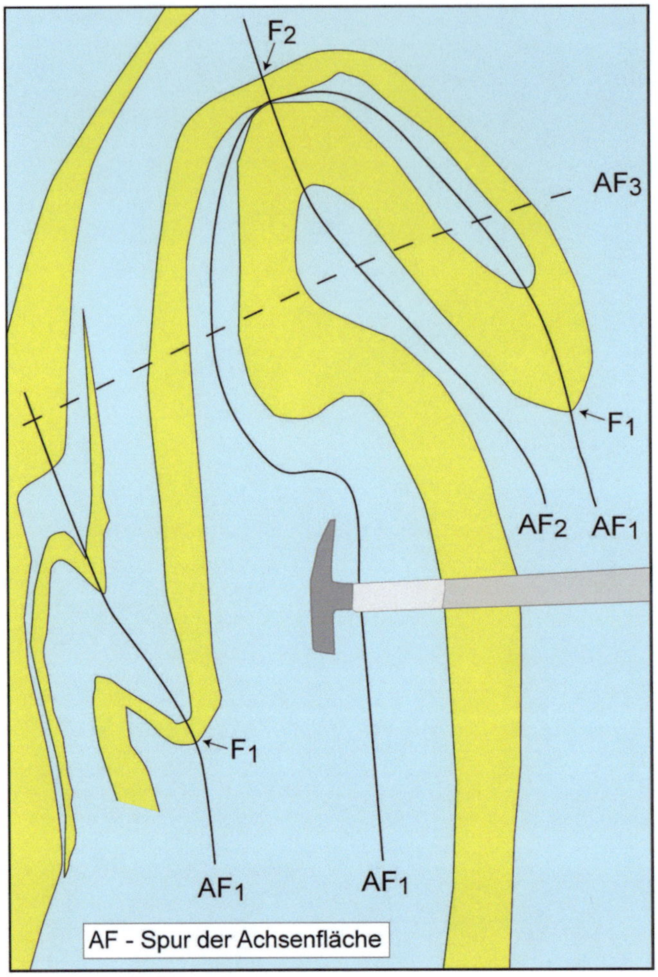

Abb. 4.58: Erläuternde Skizze zu Abb. 4.59.

Abb. 4.59: *Interferenzmuster durch Mehrfachdeformation in gebänderten Kalksilikatschiefern. Im vorliegenden Beispiel sind eine ältere Faltung (F_1) und eine jüngere (F_2) erkennbar. Das abgebildete Muster entspricht etwa Typ 2 in Abb. 4.56. Metamorphose und Deformation grenvillisch (~ 1050 Ma) und kaledonisch (~ 450 Ma). Moine-Metasedimente, mittel- bis oberproterozoische Glenfinnon Division. Ca. 2 km westlich Loch Eilt, 28 km westlich Fort Williams, Schottland.*

Abb. 4.59 *Foto © G. Kleinschmidt*

4.11 Fließfalten

Fließfalten entstehen in hochmobilen Gesteinen wie Laven, Evaporiten, Marmoren oder Migmatiten. Sie führen zu völlig unregelmäßigen Faltenbildern (vgl. Abb. 4.60).

Abb. 4.60: *Fließfaltung in einem Migmatit mit hohem Schmelzanteil. Metamorphose und Faltung grenvillisch (~ 1,1 Ga). Hallgrenskarvet, Nordende von Kirwanveggen, Dronning Maud Land, Antarktis.*

Abb. 4.60 *Foto © G. Kleinschmidt*

4.12 Rutschfalten

Rutschfalten entstehen, wenn wenig verfestigte Sedimentpakete ins Gleiten kommen. Die Strukturen sind nicht immer leicht von tektonischer Faltung zu unterscheiden. Kriterien für Rutschfaltung sind oft

- begleitende Gerölle,
- Wickelstrukturen,
- starkes Streuen der Faltenachsen,
- auffällig unregelmäßige Bankmächtigkeiten,
- disharmonische Faltenstrukturen,
- das Fehlen von Schieferung und
- Beschränkung der Faltung auf einzelne Horizonte.

Abb. 4.61: *Schwimmende Einzelklasten weisen auf eine Genese der stromlinienförmigen Falten durch Rutschung hin. Turbiditfolge des Namurs (Kulm). Els Alocs, Nordküste Menorcas, Balearen, Spanien.*

Abb. 4.62: *Rutschfaltung in dunkler Kalk-Mergel-Folge der Unterkreide. Abgerissene Faltenschenkel und rotierte Schichtfragmente (Pfeil) deuten auf sedimentäre Genese der Falten. Die hellen Kalzitgang-Schwärme haben die Rutschstrukturen in einer folgenden tektonischen Phase durchschlagen. Alpidische Deformation im Miozän. Cala Torta nordöstlich Artá, Serres de Llevant, Mallorca, Balearen, Spanien. (Foto F. Tessensohn aus Huch und Tessensohn 2013).*

Abb. 4.61 *Foto © F. Tessensohn*

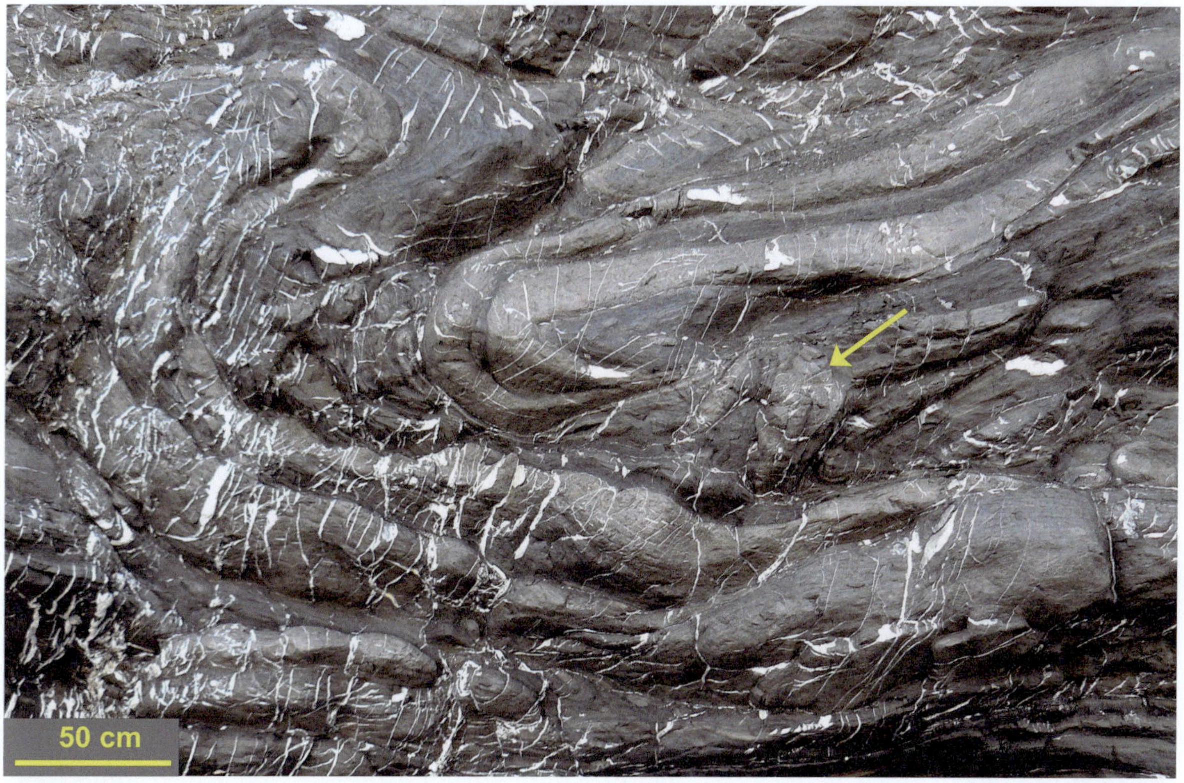

Abb. 4.62 *Foto F. Tessensohn aus Huch und Tessensohn 2013*

Abb. 4.63: *Rutschfaltung in permischen Sandsteinen der Cedar Mesa Formation. Die obere, ca. 3 m mächtige, massige Bank ist auf den unteren tonigeren Bänken abgeglitten und dabei verfaltet worden. Gebiet von „The Grabens“, Canyonlands National Park, Utah, USA.*

Abb. 4.64: *Die Dachsbuschfalte in der Eifel ist ein Beispiel von fossilem Hakenschlagen im Schichtverband. Die Falten entstanden durch Bodenkriechen der braunen Tuffe während der Saale-Eiszeit. Darüber liegt geringmächtiger heller Löss, an der Kante darüber folgt die mit 150 ka datierte Gleese-Tephra (Schmincke 2009). Maßstab: Die helle Lössschicht ist wenige dm dick. Dachsbusch bei Glees, Wehrer Kessel, Osteifel.*

Abb. 4.63 *Foto © F. Tessensohn*

Abb. 4.64 *Foto © F. Tessensohn*

5 Schieferung

Schieferung ist wie Faltung ein Produkt der Einengungstektonik. Schieferung (S_1, S_2, usw.) entsteht durch die Kombination

- der Rotation und Einregelung plattiger Minerale (Phyllosilikate) ungefähr senkrecht zu σ_1,
- der Kristallisation und/oder Rekristallisation plattiger Minerale (Phyllosilikate) ungefähr senkrecht zu σ_1 (Kristallisationsschieferung),
- der Drucklösung von Quarz und Kalzit entlang ungefähr senkrecht zu σ_1 liegender Basisflächen von Phyllosilikaten (Drucklösungsschieferung),
- von differentiellen Scherbewegungen in tonmineral- bzw. phyllosilikatreichen Gesteinspartien (z. B. Runzelschieferung),
- von Bruchflächenbildung in kompetenten Gesteinen (Bruchschieferung).

Außerdem wird der zusätzliche Einfluss von Scherung auf konjugierten Schieferungsflächen diskutiert (vgl. Abb. 5.14 und Hoeppener 1956; Voll 1960, 1969; Nabholz und Voll 1963).

Abb. 5.01: *Senkrechte Schieferungsflächen in Grauwacken-Schiefer-Folge der Sledgers Group. Orientierung der Schichtung quer dazu von links unten nach rechts oben. Reilly Ridge, Nordvictorialand, Antarktis. (Foto F. Tessensohn aus GANOVEX Team 1987).*

W. von Gosen et al., *Tektonische Strukturen und ihre Interpretation - Ein Bildatlas,* https://doi.org/10.1007/978-3-662-48240-7_5

Abb. 5.01

Foto F. Tessensohn aus GANOVEX Team 1987

5.1 Schieferung und Faltung

Da Schieferung (Kap. 5) wie Faltung (Kap. 4) das Produkt von Einengungstektonik ist, kommen beide oft zusammen vor. Dabei verläuft die Schieferung gewöhnlich als Flächenschar parallel zur Achsenfläche einer Falte. Die Schieferung wird dann auch Achsenflächenschieferung oder Transversalschieferung genannt (Abb. 5.02). Davon gibt es zahlreiche Abweichungen, z. B. die „Fächer- und Meilerstellung“. Dabei konvergiert die Schieferung zum Faltenkern hin, d. h. divergiert zum Faltenscheitel. Bei Mulden führt das zur „Meilerstellung“ (Abb. 5.04 und 5.05), bei Sätteln zur „Fächerstellung.“ Das Phänomen wird u. a. dahingehend interpretiert, dass sich die Schieferung in einem früheren Faltungsstadium anlegte und dann bei fortschreitender Einengung der Falten zum Konvergieren bzw. Divergieren gezwungen wurde.

Zu weiteren Abweichungen von der Achsenflächenschieferung kommt es durch die „Brechung der Schieferung“ (Abschn. 5.3; Abb. 5.11 bis 5.13) und bei mehrschariger, d. h. konjugierter Schieferung (vgl. Abschn. 5.4; Abb. 5.05, 5.15 bis 5.17).

Abb. 5.02: *Die steil stehende Schieferung schneidet die Schichtung parallel zur Achsenfläche einer Falte (Transversalschieferung, Achsenflächenschieferung). Oberdevonische Sedimentgesteine, Tonschiefer (mit deutlicher Schieferung) und Sandsteine (mit undeutlicher Schieferung). Old Head of Kinsale, südlich Cork, Südküste Irlands.*

Abb. 5.03: *Stark vergenter Sattel in Turbidit-Folge des Karbons. Gut erkennbar ist die Gradierung in den Grauwackenbänken, die leicht fächerförmige deutliche Schieferung in den Peliten sowie Drucklösungseffekte in Form von Fiederspalten im linken Bildbereich. Eine spröde Abschiebung zerschneidet die Falte im Kern (Halbpfeile). Millook Haven, Nordküste von Cornwall, England.*

Abb. 5.02 Foto © G. Kleinschmidt

Abb. 5.03 Foto © C.-D. Reuther

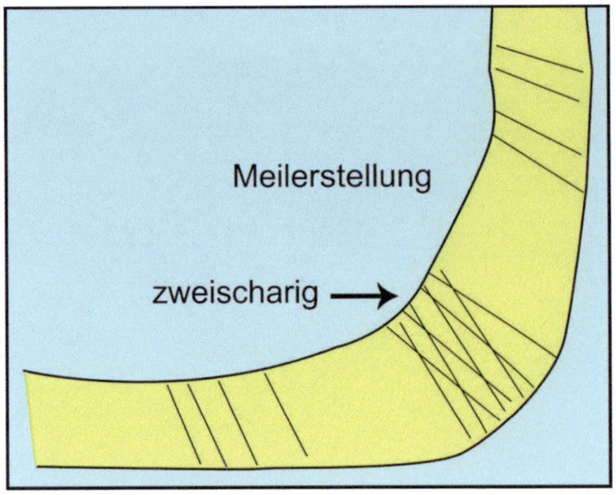

Abb. 5.04: Skizze zu Abb. 5.05.

Abb. 5.05: *Die Schieferung (Transversalschieferung) im Bereich einer Mulde, zeigt „Meilerstellung". Im Scheitel der Mulde ist Zweischarigkeit der Schieferung angedeutet. Tonschiefer und Quarzite des unteren Mitteldevons. Ca. 10 km südwestlich Brilon, Sauerland, Rheinisches Schiefergebirge.*

Abb. 5.05 *Foto © G. Kleinschmidt*

5.2 Schieferung und Schichtung

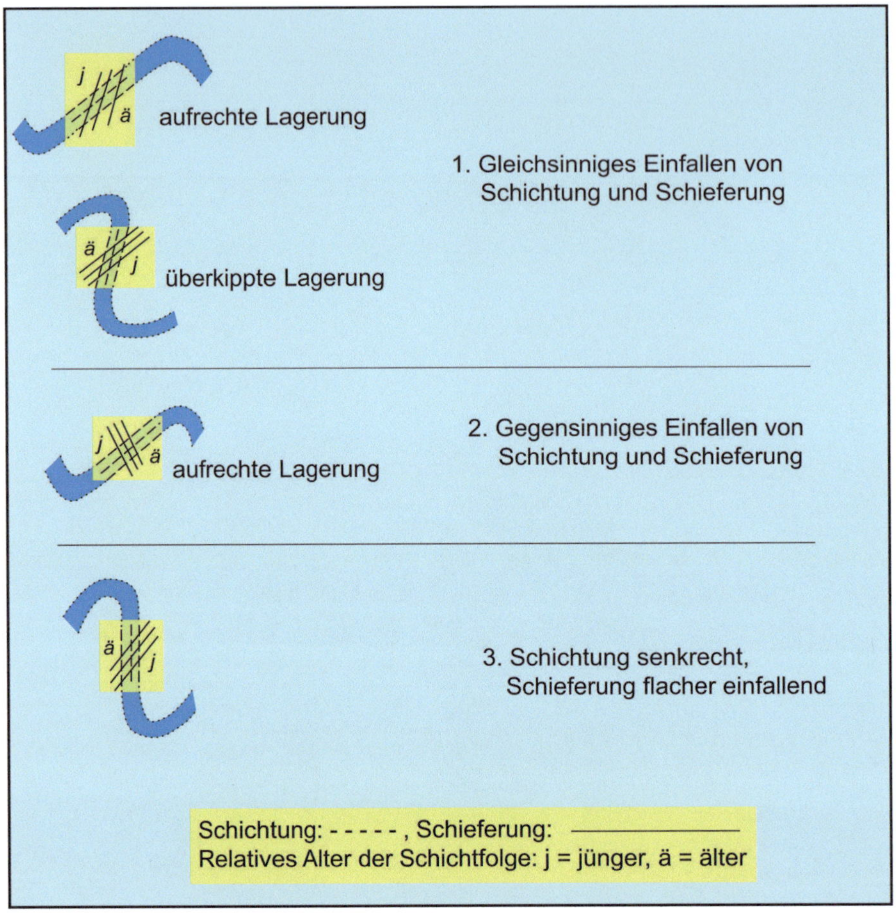

Abb. 5.06: Verschnitt von Schichtung und Schieferung. Bei einfacher Faltung bietet der Überschneidungssinn von Schichtung und Schieferung ein hervorragendes (tektonisches) Oben-unten-Kriterium. So gilt z. B., dass überkippte Lagerung dann vorliegt, wenn Schichtung und Schieferung in dieselbe Richtung einfallen, die Schichtung aber steiler steht als die Schieferung. Der Effekt wird bei Brechung der Schieferung (Abschn. 5.3) noch verstärkt.

Abb. 5.07: *Eine horizontale mergelige Kalksteinschicht ist durch Schieferung (S_1) in schmale Segmente zerlegt, die ihrerseits wieder verbogen sind. In den Segmenten ist die ± horizontale Schichtung (S_0) deutlich erkennbar. Taschenmesser als Maßstab. Mittelkambrische Parrish Glacier Formation, Südufer des inneren Radmore Harbour Fiords, Ellesmere Island, kanadische Arktis.*

Abb. 5.08: *Verschnitt von Schichtung (S_0) und erster Schieferung (S_1) in einer Abfolge von metapelitischen und metapsammitischen Lagen. Die S_1-Flächen fallen steiler nach links ein als die Schichtflächen (S_0). Der Schichtungs-Schieferungs-Verschnitt belegt aufrechte Lagerung. La Lidia-Simbol Huasi Formation (Neoproterozoikum–Unterkambrium). Sierra Norte de Córdoba, Sierras Pampeanas, Argentinien. (Foto aus von Gosen und Prozzi 2010, Fig. 9(a), verändert).*

Abb. 5.07 *Foto © F. Tessensohn*

Abb. 5.08 *Foto aus von Gosen und Prozzi 2010, Fig. 9(a), verändert*

Abb. 5.09: *Subvertikale Quarzite (hell) im Wechsel mit dünnen siltigen Lagen. Die steile Schichtung* (S_0) *wird von nach links flach einfallenden Schieferungsflächen* (S_1) *geschnitten. Der Schichtungs-Schieferungs-Verschnitt belegt überkippte Lagerung. Brennevinsfjorden Group (Proterozoikum). Südostecke des Lady Franklinfjorden, Nordaustlandet, Svalbard.*

Abb. 5.10: *Überschneidung von Schichtung und Schieferung in einer Wechselfolge von hellen Sandsteinen und etwas dunkleren Siltschiefern des Oberkambriums. Die Schichtung* (S_0) *steht steiler als die Schieferung* (S_1) *und ist überkippt. Martin Hill, Victory Mountains, Transantarktisches Gebirge, Nordvictorialand, Antarktis.*

Abb. 5.09 Foto © W. von Gosen

Abb. 5.10 Foto © G. Kleinschmidt

5.3 Schieferungsbrechung

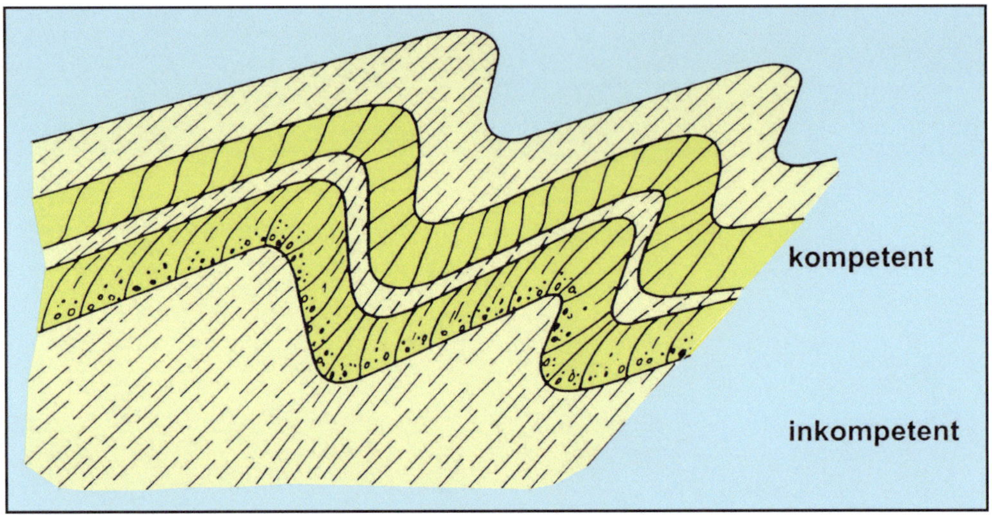

Abb. 5.11: Brechung der Schieferung. (Nach Weber 1972, verändert).

Als Brechung der Schieferung bezeichnet man den Wechsel im Einfallen der Schieferungsflächen beim Übergang zwischen unterschiedlich kompetenten Gesteinen. Wenn sich die Kompetenz in einer Gesteinsfolge plötzlich ändert, ändert sich auch der Einfallswinkel der Schieferung abrupt; wenn sich die Kompetenz allmählich ändert, ändert sich der Einfallswinkel der Schieferung ebenfalls allmählich, und die Schieferung erscheint gekrümmt. Beim Übergang der Schieferung vom inkompetenten in das kompetente Gestein wird sie hin zum Lot auf der Schichtfläche gebrochen. Die Schieferung durchsetzt kompetente Gesteine auf kürzerem Weg als inkompetente.

Abb. 5.12: *Schichtung (S_0) und Schieferung (S_1) in quarzitischer Folge. Das Einfallen der Schieferungsflächen wechselt an den Grenzen zu feiner körnigen, inkompetenteren Lagen (Schieferungsbrechung), in denen die S_1-Flächen relativ flacher einfallen. Napostá Formation (Silur). Sierras Australes, Provinz Buenos Aires, Argentinien. (Foto verwendet mit Erlaubnis von Springer Nature: Plate 2. B, verändert, aus Geologische Rundschau, von Gosen et al. 1990 (siehe Literaturverzeichnis). © 1990, Ferdinand Enke Verlag Stuttgart).*

Abb. 5.13: *Abrupte Schieferungsbrechung in der Turbiditfolge der Robertson Bay Group (Kambro-Ordovizium). In den tonigen Lagen (links) ist die Schieferung deutlich steiler als in der sandigen Schicht (rechts). Pfeil weist auf Hammerspitze rechts unten als Maßstab. Duke of York Island, Colbeck Bay, Transantarktisches Gebirge, Nordvictorialand, Antarktis.*

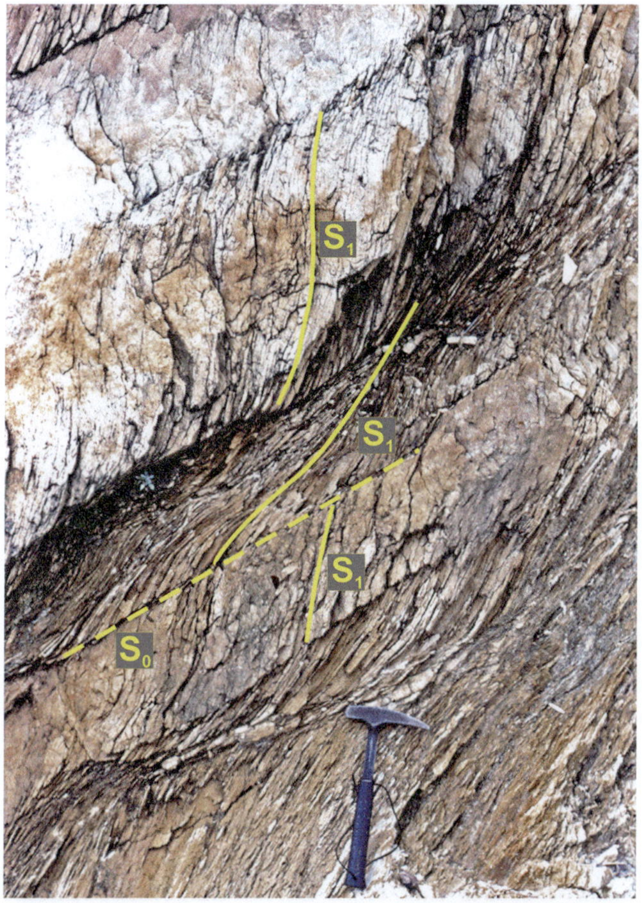

Abb. 5.12 *Foto verwendet mit Erlaubnis von Springer Nature: Plate 2. B, verändert, aus Geologische Rundschau, von Gosen et al. 1990 (siehe Literaturverzeichnis). © 1990, Ferdinand Enke Verlag Stuttgart*

Abb. 5.13 *Foto © F. Tessensohn*

5.4 Konjugierte Schieferungsflächen

Besonders in kompetenten Gesteinen beobachtet man oft konjugierte Schieferungsflächen (Abb. 5.16 und 5.17 liefern Beispiele). Ihre Genese ist schwierig zu erklären. Von Hoeppener (1956) und Voll (1960, 1969) wurde das in Abb. 5.14 dargestellte Modell vorgeschlagen.

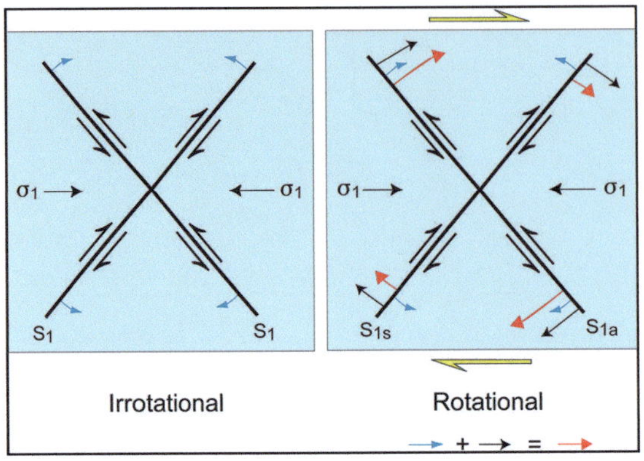

Abb. 5.14: Entwicklung von S_1-Schieferungsflächen bei irrotationaler und rotationaler Deformation. Die blauen Pfeile zeigen den Sinn der Internrotation der S_1-Flächen, die schwarzen Pfeile den Rotationssinn im Zuge rotationaler Deformation (gelbe Halbpfeile). Die roten Pfeile zeigen den resultierenden Gesamtbetrag der Rotation der S_1-Flächen bei rotationaler Deformation. Alle Pfeillängen stellen nur schematische Beträge der Rotationen dar. Die synthetische S_{1s}-Fläche unterstützt mit eigenem Relativ-Schersinn (schwarze Halbpfeile) den übergeordneten Gesamt-Rotationssinn (gelbe Halbpfeile). Die antithetische S_{1a}-Fläche arbeitet mit relativem Schersinn dem Gesamt-Rotationssinn entgegen.

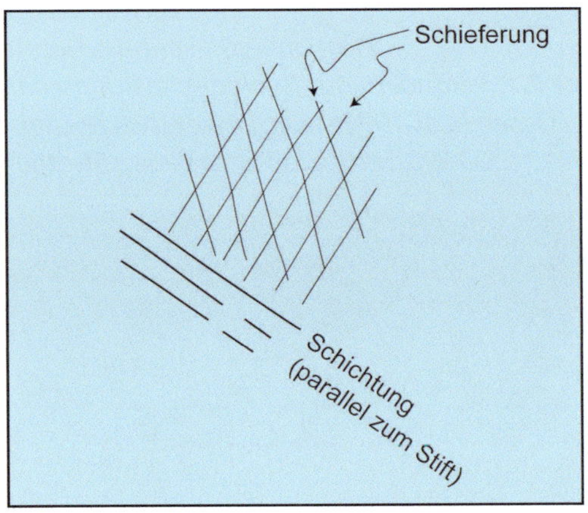

Abb. 5.15: Erläuterungsskizze zu Abb. 5.16 mit konjugierten Schieferungsflächen. Die zweischarige Ausbildung der Schieferung bedeutet im vorliegenden Fall, dass sie als konjugiertes Scherflächenpaar das Resultat von Scherbewegungen ist (vgl. Abb. 5.14).

Abb. 5.16: *Konjugierte Schieferungsflächen in ordovizischem Konglomerat. Roter Stift liegt parallel zur Schichtung. Ca. 8 km westlich Iglesias, Südwestküste Sardiniens.*

Abb. 5.17: *Zweischarige erste Schieferungsflächen (S_1) in quarzitischem Sandstein. Die spitzwinklig sich überschneidenden S_1-Flächen bilden ein konjugiertes Set und betreffen die nach links einfallende Schichtung (S_0). Tunas Formation (Perm). Sierras Australes, Provinz Buenos Aires, Argentinien. (Foto verwendet mit Erlaubnis von Springer Nature: Plate 2. A, verändert, aus Geologische Rundschau, von Gosen et al. 1990 (siehe Literaturverzeichnis). © 1990, Ferdinand Enke Verlag Stuttgart).*

Abb. 5.16 Foto © G. Kleinschmidt

Abb. 5.17 Foto verwendet mit Erlaubnis von Springer Nature: Plate 2. A, verändert, aus Geologische Rundschau, von Gosen et al. 1990 (siehe Literaturverzeichnis). © 1990, Ferdinand Enke Verlag Stuttgart

5.5 Griffelschieferung

Griffelschieferung in siltig-tonigen Sedimentgesteinen ist gekennzeichnet durch den Verschnitt von Schichtung und engständigen Bruchschieferungsflächen unter großem Winkel. Bei der Verwitterung zerfallen die geschieferten Gesteine zu Stängeln (Griffeln).

Abb. 5.18: *Flach einfallende Schichtung (S_0), abgebildet über den Wechsel von Sandstein- zu Siltsteinlagen, wird von subvertikalen S_1-Schieferungsflächen überschnitten. Die Bruchschieferungsflächen sind in den Siltsteinen engständig ausgebildet (unten). Im Verschnitt mit der Schichtung haben sich dort unregelmäßig begrenzte Griffel ausgebildet, nach denen das Gestein zerfällt. Unterkreide. Yukon North Slope, kanadische Arktis.*

Abb. 5.19: *Griffelschiefer in der paläozänen Basilika Formation. West-Spitsbergen Fold-and-Thrust-Belt, Van Mijenfjorden, Spitzbergen.*

Abb. 5.18 *Foto © W. von Gosen*

Abb. 5.19 *Foto © F. Tessensohn*

5.6 Bruchschieferung

Die Flächen der Bruchschieferung sind rauh, uneben, oft gekrümmt und weitständig (> 1 cm). Bruchschieferung bildet sich bei niedrigen Temperaturen und in nicht metamorphen Gesteinen ohne Neukristallisation von Illit oder Muskovit.

Relativ regelmäßig sigmoidal gekrümmte Bruchschieferung wurde früher auch „Sigmoidalklüftung“ oder „Querplattung“ genannt (vgl. Engels 1956; Fiedler 1965; Kruck 1974).

Abb. 5.20: *Unregelmäßig ausgebildete S_1-Bruchschieferungsflächen, die die flach nach links einfallende Schichtung in Sandsteinen (S_0) überschneiden (Bleistift als Maßstab). Moose Channel Formation (?Paläozän). Yukon North Slope, kanadische Arktis.*

Abb. 5.21: *Bruchschieferung in mergeligen Kalksandsteinen. Die Schichtung verläuft durchgehend horizontal, die Schieferung von rechts oben nach links unten. Sie ist sigmoidal gekrümmt und weniger durchgehend ausgebildet. Das Rechteck zeigt den Ausschnitt der Abb. 5.22. Randa-Formation, Mittelmiozän. Puig de Randa, Serras Centrals, Mallorca, Balearen, Spanien.*

Abb. 5.22: *Detail der Bruchschieferung in der mittelmiozänen Randa Formation (Ausschnitt aus Abb. 5.21). Puig de Randa, Serras Centrals, Mallorca, Balearen.*

Abb. 5.20 Foto © W. von Gosen

Abb. 5.21 Foto © F. Tessensohn

Abb. 5.22 Foto © F. Tessensohn

5.7 Drucklösungsschieferung

Drucklösung ist weit verbreitet in karbonatischen Gesteinen. Bei deren Einengung, mit oder ohne Faltung, ist die Drucklösung der wesentliche Prozess bei der Bildung von Schieferung. Diese kann mit der Ausbildung von Stylolithen verbunden sein. Auch in Metapeliten spielt die Drucklösung beim Schieferungsprozess eine wesentliche Rolle (etwa senkrecht zur größten Hauptnormalspannung) (vgl. Plessmann 1965; Voll 1969, 1980; Wright und Platt 1982; Groshong 1988). Vor allem wird dabei in Peliten und Metapeliten Quarz gelöst, und zwar besonders gesteigert in phyllosilikatreichen Anteilen (d. h. vor allem mit Tonmineralen, Illit oder Muskovit). In den quarzdominierten Lagen ist die Drucklösung weniger ausgeprägt. Dort kann es zur Bildung von Stylolithen kommen. Besonders wirksam ist die Drucklösung im Bereich der sehr schwachen und schwachen Metamorphose pelitischer Gesteine.

Abb. 5.23: *Drucklösungsschieferung mit Stylolithen (Pfeile) in kalkigen Lagen einer Kalk-Hornstein-Wechselfolge der Pindos-Einheit, Oberkreide. Die Kalksteinlagen sind weiß und hellgrau, die Hornsteinlagen bräunlich. Agios Pavlos, Südküste Kretas, Griechenland.*

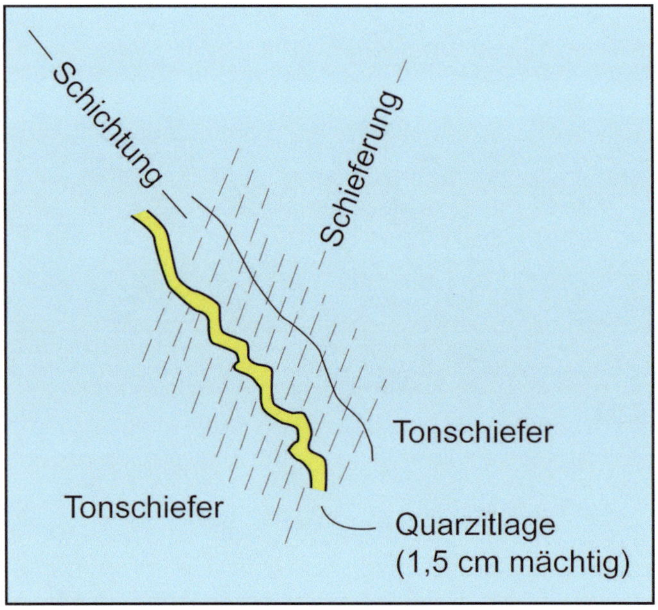

Abb. 5.24: Erläuterungsskizze zu Abb. 5.25.

Abb. 5.25: *Drucklösungsschieferung in kambrischer Tonschieferfolge mit 1,5 cm mächtiger, braun gefärbter Quarzitlage. Auf den Schieferungsflächen in den Tonschiefern hat Drucklösung stattgefunden, nicht (oder viel weniger) dagegen in der Quarzitlage. Auf den Volumenverlust in den Tonschiefern reagierte die Quarzitlage daher mit Verfaltung. Lapworth Cirque, Read Mountains, Shackleton Range, Antarktis.*

Abb. 5.23 Foto © G. Zulauf

Abb. 5.25 Foto © G. Kleinschmidt

Im übrigen treten Stylolithen (Abb. 5.26 und 5.27), die nicht an Schieferungsflächen gebunden sind, besonders ausgeprägt und häufig in kalkigen Gesteinen auf (vgl. z. B. Trurnit 1967, 1968; Janssen und Friedel 1985), und zwar bedingt durch großregionale Spannungen oder durch Auflast.

Abb. 5.26: *Stylolithen in Kalkstein der Trezona Formation, Neoproterozoikum. Flinders Range, ca. 300 km nördlich Adelaide, Südaustralien.*

Abb. 5.27: *Stylolithenbildung bevorzugt entlang von Korngrenzen in einer Stromatoporen-Kalkbrekzie aus mitteldevonischem Massenkalk. Steinbruch bei Vilmar, Lahnmulde, Rheinisches Schiefergebirge.*

Abb. 5.26 *Foto © G. Kleinschmidt*

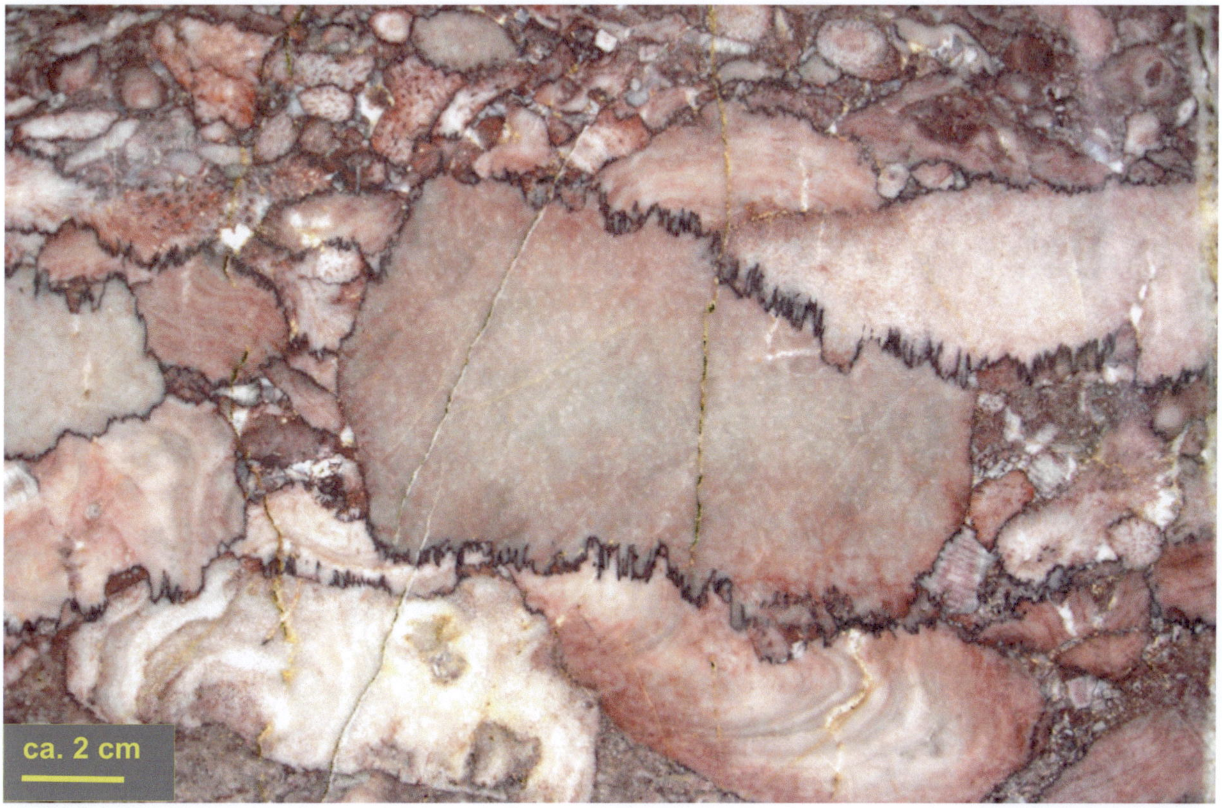

Abb. 5.27 *Foto © W. Buggisch*

5.8 Schieferung und Quarzgänge

Drucklösung von Quarz führt zu schieferungsparalleler Bildung von Quarzgängen, -lagen oder -schnüren. Sie können auch bereits existierende Strukturen unter wechselnden Winkeln schneiden.

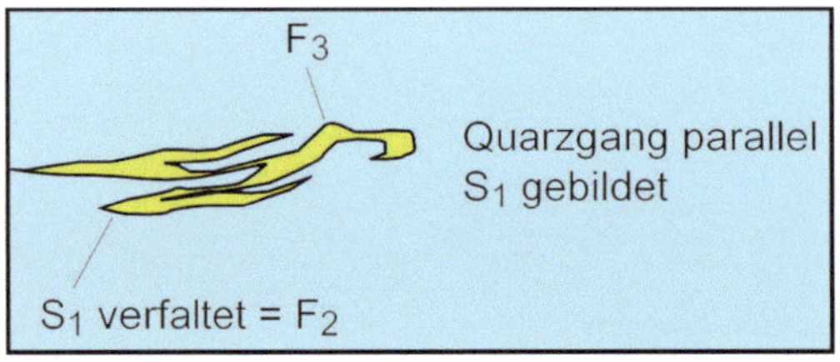

Abb. 5.28: Skizze zu Abb. 5.29 (markierter Ausschnitt).

Abb. 5.29: *Schieferungsparallele Quarzgänge in phyllitischem Glimmerschiefer. Die Gangquarze sind hier zweimal verfaltet, d. h. es liegt Dreifach-Deformation vor. Haast Schist Group, Jungpaläozoikum bis Trias. Bei Kelvin Heights, nahe Queenstown, Südinsel Neuseelands.*

Abb. 5.29 *Foto © G. Kleinschmidt*

Abb. 5.30: *Offen bis eng verfaltete Gneise. Annähernd parallel zu den Achsenflächen der Falten sind Quarzlagen und -schnüre injiziert worden, die hier eine den Falten zuzuordnende Schieferung vertreten. Diese Lagen zeigen in einzelnen Abschnitten Boudinierung. Moine-Serie, Loch Monar, Schottland.*

Abb. 5.31: *Parallel zu ersten Schieferungsflächen (S_1) gebildete dünne Quarzgänge überschneiden die flach nach links einfallende Schichtung (S_0). Schichtung und erste Schieferung samt parallelen Quarzgängen werden von steil nach links einfallenden zweiten Schieferungsflächen (S_2) überschnitten, die im zentralen Abschnitt des Fotos gut ausgebildet sind und von einer Krenulierung der ersten Schieferungsflächen begleitet werden (vgl. Abschn. 4.8.4). Durness Limestone, Kambrium. Loch Eriboll, Schottland.*

Abb. 5.30 Foto © W. von Gosen

Abb. 5.31 Foto © W. von Gosen

5.9 Kristallisationsschieferung

Kristallisationsschieferung entsteht dadurch, dass während der Metamorphose plattige oder leistenförmige Minerale parallel zur Schieferungsebene wachsen (z. B. Glimmer, Hornblende, Sillimanit).

Abb. 5.32: *Die Schieferungsflächen des Gneises werden durch Muskowit-Blättchen abgebildet. Gneisgruppe des Saualpenkristallins, Metamorphose und Deformation alt-alpidisch, Alter des Edukts unbekannt. Östlich Wieting, Saualpe, Kärnten, Österreich.*

5.10 Krenulationsschieferung

Bei Krenulationsschieferung (Runzelschieferung) haben sich die Schenkel der Kleinfalten zu Schieferungsflächen weiter entwickelt. Es wird diskutiert, ob außer der Deformation Drucklösung ein wesentlicher Entstehungsmechanismus ist.

Verschiedene Arbeiten gehen von einer Kombination beider Prozesse aus (vgl. Voll 1960; Nabholz und Voll 1963; Gray und Durney 1979; Weber 1981; Groshong 1988), wobei das Wesentliche stets Drucklösung ist. Die Schenkel der Runzeln (vgl. Abschn. 6.4) verarmen an Quarz, reichern sich mit Glimmer an und bilden so die subparallelen Schieferungsflächen. Krenulationsschieferung tritt meistens in bereits von einer ersten Schieferung betroffenen Metapeliten auf, und zwar mit Abständen der S_2-Flächen im mm- bis cm-Bereich.

Abb. 5.33: *Krenulationsschieferung (auch Runzelschieferung, engl. „crenulation cleavage“) betrifft eine ältere Schieferung (S_1), d. h. die Krenulationsschieferung ist (mindestens) die zweite Deformation. „Rotgneis“. Ca. 4 km nördlich Zöblitz, Erzgebirge, Sachsen.*

Abb. 5.32 Foto © G. Kleinschmidt

Abb. 5.33 Foto © G. Kleinschmidt

5.11 Foliation

Foliation ist ein rein beschreibender Begriff für ein planares Gefüge in metamorphen Gesteinen. Ältere Gefüge sind nicht mehr erkennbar.

Abb. 5.34: *Straffe Foliation im Glimmerschiefer der Haast Schist Group, Jungpaläozoikum bis Trias. Gibbston, 23 km östlich Queenstown, Südinsel Neuseelands.*

Abb. 5.34 *Foto © G. Kleinschmidt*

5.11.1 Tektono-metamorphe Bänderung

Die Steigerung der in Abschn. 5.10 (Krenulationsschieferung) beschriebenen Drucklösungsprozesse führt zur tektono-metamorphen Bänderung, einer speziellen Ausbildung der Foliation. Im mm- bis cm-Bereich wechseln relativ dunkle, glimmerreiche Lagen mit hellen, quarzreichen. In letzteren ist Quarz angereichert. Eine vorherige Schieferung oder die Schichtung sind im Gestein oft nicht mehr zu erkennen. Der Vorgang wird im Englischen „transposition" genannt.

Abb. 5.35: *Straffe tektono-metamorphe Bänderung in Metapsammit, abgebildet über regelmäßige Wechsel von Quarz-Feldspat- zu glimmerreichen Lagen. Fortgesetzte Scherung im Zentralabschnitt hat zu intrafolialen Biegungen und Faltung der Bänderung geführt. Neoproterozoikum–Unterkambrium. Altautina, Sierras de Córdoba, Sierras Pampeanas, Argentinien.*

Abb. 5.36: *Tektono-metamorphe Bänderung in Andalusit-Staurolith-Schiefer. Drucklösung und Wiederausscheidung führen zur schieferungsparallelen Bildung von quarzreicheren und quarzärmeren Lagen. Unklar ist im vorliegenden Fall, warum der Abstand der Lagen so groß ist (> 1 cm). Gegen eine Deutung als Gänge spricht, dass sie die Schichtungsrelikte nicht überall durch- und abschneiden. Kanmantoo Group, Kambrium. Metamorphose ca. 450 Ma. Südküste der Fleurieu-Halbinsel, Südaustralien.*

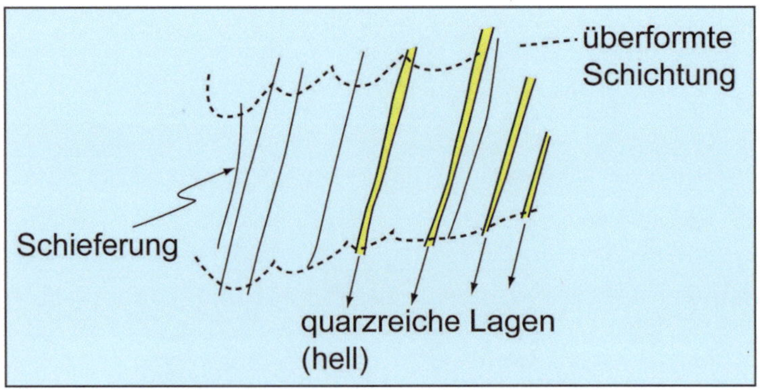

Abb. 5.37: Skizze zu Abb. 5.36.

Abb. 5.35 *Foto © W. von Gosen*

Abb. 5.36 *Foto © G. Kleinschmidt*

5.11.2 Plättungsgefüge

Ein gegebener Gesteinskörper wird in Richtung der größten Hauptnormalspannung gekürzt und senkrecht dazu in allen Richtungen gleich stark gedehnt (Kugel → Diskus).

Abb. 5.38: Erläuterungsskizze zu Abb. 5.39 und 5.40. Die ursprünglich etwa kugelförmigen, dunklen Einschluss-Körper werden zu scheibenförmigen deformiert.

Abb. 5.39 und 5.40: *Unterschiedliche Anschnitte geplätteter Xenolithe in deformiertem Granodiorit. Intrusions- und Deformationsalter: Ross-Orogenese (~ 500 Ma). Kavraiskiy Hills, Oates-Land, Antarktis.*

Abb. 5.39 Foto © G. Kleinschmidt

Abb. 5.40 Foto © G. Kleinschmidt

5.12 Mehrfachschieferung

Ein Gesteinskörper kann mehrfach deformiert werden. Eine erste Deformation (mit erster Faltung und erster Schieferung) kann dabei von weiteren Deformationen (z. B. einer zweiten Schieferung) betroffen sein (vgl. Abschn. 5.13).

Abb. 5.41: *Erste penetrative Schieferung (S_1) in monotoner, schwach metamorpher sandiger Abfolge. Sie wird von subvertikalen zweiten Schieferungsflächen (S_2) geschnitten, die abschnittsweise zu feiner Krenulierung der S_1-Flächen geführt haben. Neoproterozoikum–Unterkambrium. Altautina, Sierras de Córdoba, Sierras Pampeanas, Argentinien.*

Abb. 5.42: *Mehrfachschieferung in überwiegend metapelitischer Folge. Eine Quarzitbank (unten rechts) zeigt die Schichtung (S_0) an. Die Bank wird unten von der ersten Schieferung (S_1) abgeschnitten. S_1 ist vor allem im rechten Bildteil ausgeprägt, daneben auch in Form von S_1-parallelen Quarzgängen (oben links). Die zweite Schieferung (S_2) mit nur geringem Winkel gegenüber S_0 ist vor allem in der linken Bildhälfte deutlich. Pyramid Peak, Evans Névé, Bowers Terrane, Nordvictorialand, Antarktis.*

Abb. 5.41 *Foto © W. von Gosen*

Abb. 5.42 *Foto © F. Tessensohn*

5.13 Gefaltete Schieferung

Mehrfache Deformation eines Gesteins (vgl. Abschn. 5.12) kann auch zur Faltung einer Schieferung führen. Eine ältere Deformation mit älterer Schieferung und Faltung kann dabei von einer jüngeren Deformation betroffen und so von einer späteren Faltung erfasst sein.

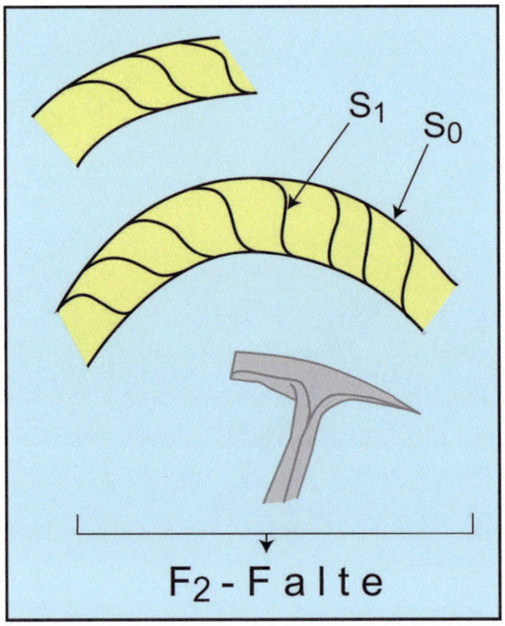

Abb. 5.43: Erläuterungsskizze zu Abb. 5.44 und 5.45.

Abb. 5.44: *Die Schieferung (S_1) ist mit der Verfaltung der Schichtung (S_0) verfaltet, d. h. die Faltung erfolgte nach Bildung der Schieferung (S_1) und ist daher als zweite Deformation (D_2) anzusprechen. Der gelbe Rahmen markiert den Ausschnitt der Abb. 5.45. Wechselfolge aus Feinsandstein- und Schieferlagen der Singhofenschichten, Unterems, Unterdevon. Burg Altweilnau, Altweilnau, Taunus.*

Abb. 5.45: *Ausschnitt aus Abb. 5.44.*

Abb. 5.44 *Foto © G. Kleinschmidt*

Abb. 5.45 *Foto © G. Kleinschmidt*

5.14 Knickbänder

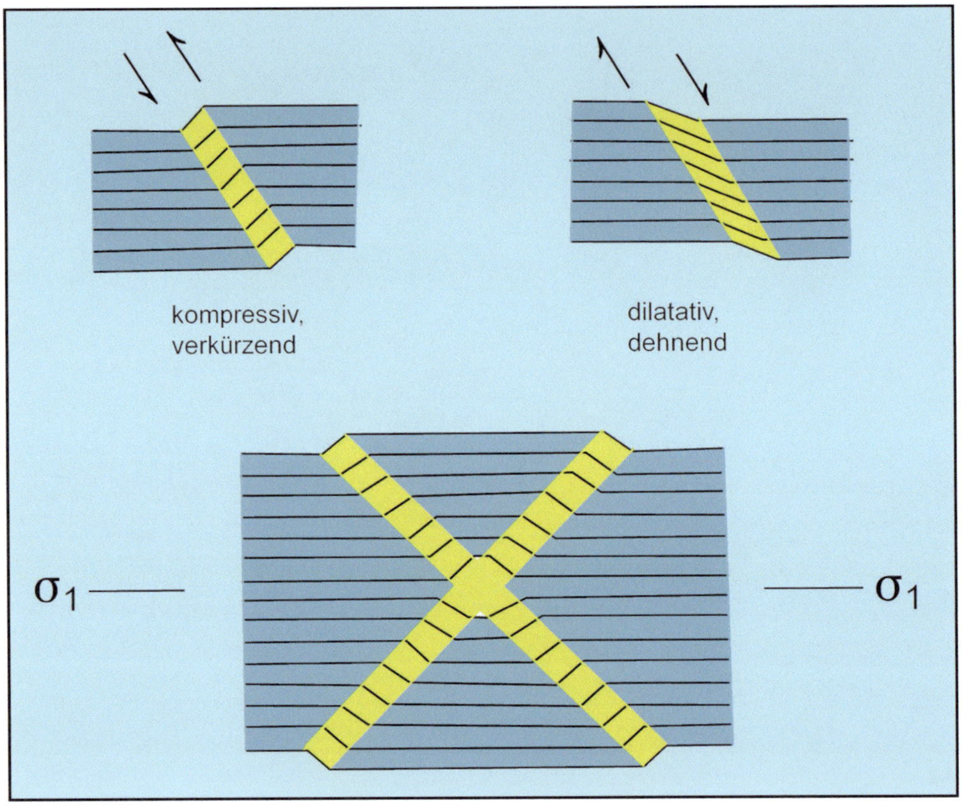

Abb. 5.46: Die Abbildung zeigt oben die beiden Knickbandtypen und unten konjugierte Knickbänder des kompressiven Typs. Besonders die konjugierten Knickbänder erlauben den Rückschluss auf die Lage der Hauptnormalspannungen. Knickbänder wurden früher auch als Knickzonen bezeichnet.

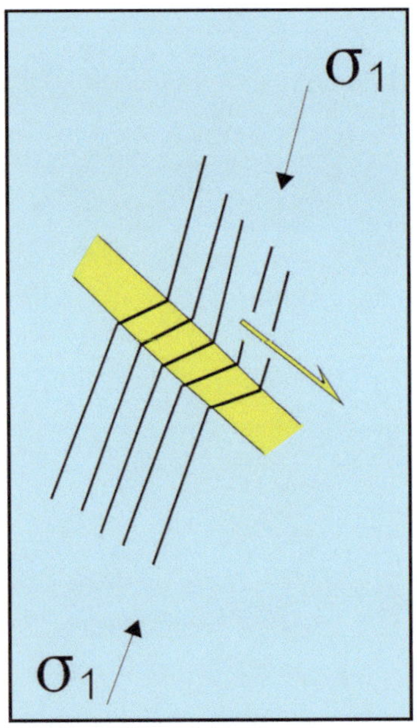

Abb. 5.47: Skizze zu Abb. 5.48.

Abb. 5.48: *Knickband in kambro-ordovizischer Grauwacke der Greenland Group (Turbiditfolge). Fourteen Mile Bluff, 17,5 km nördlich Greymouth, Westküste der Südinsel Neuseelands. (Foto aus Kleinschmidt 1997).*

Abb. 5.48 *Foto aus Kleinschmidt 1997*

Abb. 5.49: *Regelmäßige, ± parallele, an eine Störungszone gebundene Knickbänder in altpaläozoischen Schiefern. Die Störung wurde als Seitenverschiebung angelegt und in einem zweiten Schritt als Aufschiebung überprägt. Dieser Überprägung wird die Knickbandbildung zugeordnet. Oberer Pavy River, Judge Daly Promontory, Ellesmere Island, kanadische Arktis.*

Abb. 5.49

Foto © F. Tessensohn

Abb. 5.50: *Konjugierte verkürzende Knickbänder. Glimmerschiefer des ?kambrischen Glenelg Komplexes. Metamorphose und Deformation delamerisch (510–500 Ma). Wando Estate, 15 km nördlich Casterton, Victoria, Australien.*

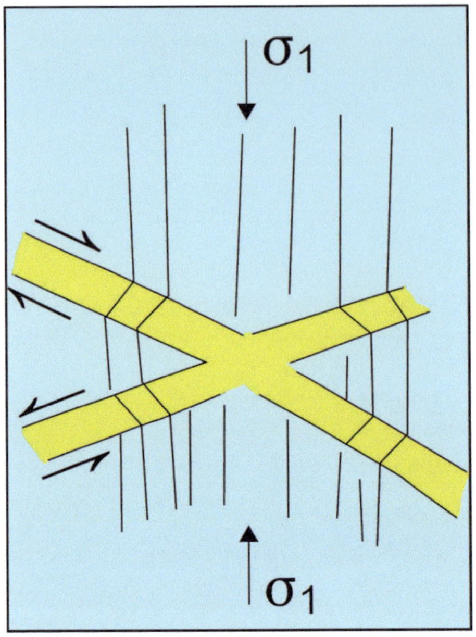

Abb. 5.51: Skizze zu Abb. 5.50.

Abb. 5.52: *Konjugierte dehnende Knickbänder. Quarzitische Glimmerschiefer des ?Proterozoikums. Prägende Deformation und Metamorphose: Grenvillian (~ 1,1 Ga). Drabanten, südliches Kirwanveggen, Dronning Maud Land, Antarktis.*

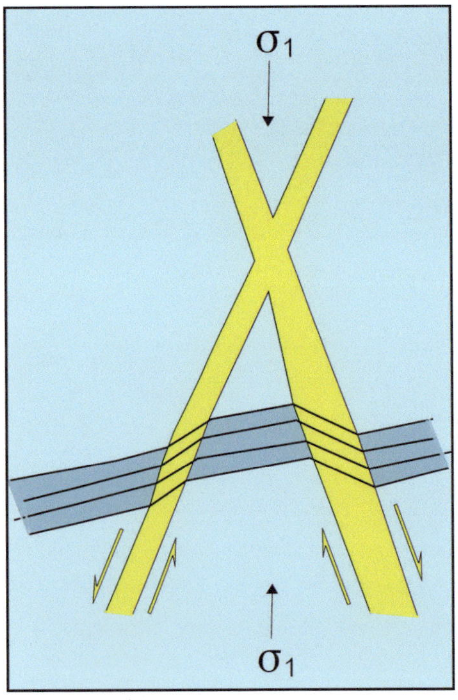

Abb. 5.53: Skizze zu Abb. 5.52.

Abb. 5.50 Foto © G. Kleinschmidt

Abb. 5.52 Foto © G. Kleinschmidt

6 Lineare Elemente

Tab. 6.01 In der Tabelle sind die linearen Elemente zusammengestellt. Die fünf oberen werden nachfolgend, die fünf unteren in den angeführten Kapiteln behandelt.

–Übersicht–		
Strukturen	Abbildungen	Anmerkungen
Streckung	3.68, 6.02 - 6.07	
Mineral-Lineationen	6.08	Geregeltes Wachstum von Mineralkörnern bei der Metamorphose
Achsen von Kleinfalten	6.01, 6.09	Kleinfalten (mm- bis cm-Bereich), die meist größere Falten zusammensetzen, sind insbesondere auf deren Faltenschenkeln ausgeprägt. Ihre Achsen verlaufen parallel zu denen der übergeordneten Falten.
Runzelung	6.10	
δ-Linear, δ-Lineation	6.11 - 6.13	Schnittkante von Schichtung und Schieferung; auch Schnittkante von 1. und 2. Schieferung (S_1 bzw. S_2), dann = δ_1 und δ_2. Bei zylindrischen Falten verläuft δ parallel zur Faltenachse. Mit δ wird völlig unabhängig auch ein rotierter Porphyroklast bezeichnet (Abb. 10.15).
Die folgenden Strukturen sind in den angeführten Kapiteln dargestellt		
Faltenachsen (B-Achsen)	4.01 [Kap. 4]	Linien stärkster Krümmung bei Falten
Harnischlineation, Gleitstriemung, Striemung	3.48 - 3.51 [Kap. 3.7 und Tab. 10.01]	Sie finden sich als Rutschstreifen auf Verwerfungsflächen und zeigen dort die Bewegungsrichtung an.
Mineralfasern, Mineralfaser-Wachstum	2.22 - 2.27 [Kap. 2.3 und Tab. 10.01]	Oft zusammen mit der Harnischlineation; es sind meist Quarz- und/oder Kalzit-Fasern, die sich auf Verwerfungsflächen im Druckschatten von Abrisskanten bilden. Sie zeigen ebenfalls die Bewegungsrichtung an.
Passive Ausrichtung von länglichen Mineralkörnern	6.08 [Kap. 6.2], 10.28 [Kap. 10.8]	
Stylolithen	5.23, 5.26, 5.27 [Kap. 5.7]	

Abb. 6.01: *Kleinfältelung in phyllitischen Gesteinen. Metamorphose und Deformation kaledonisch. Straumøya, südlich Bodø, Norwegen.*

W. von Gosen et al., *Tektonische Strukturen und ihre Interpretation - Ein Bildatlas,* https://doi.org/10.1007/978-3-662-48240-7_6

Abb. 6.01 *Foto © P. Pickelmann*

6.1 Streckung

Ein gegebener Gesteinskörper wird in Richtung der größten Zugspannung gedehnt („gestreckt“) und senkrecht dazu in allen Richtungen gekürzt (Kugel → Ellipsoid).

Abb. 6.02: *Streckung in phyllitischem Glimmerschiefer. Das ganze Gestein besteht wie eine Spaghetti-Packung aus lang gestreckten, linearen Elementen, daher die Gesteinsbezeichnung „L-Tektonit“ (vgl. Abb. 3.68). Haast Schist Group, Jungpaläozoikum bis Trias. 7 km östlich Kyeburn, nordwestlich Palmerston, Südinsel Neuseelands.*

Abb. 6.03: *Blick auf S_1-Fläche in metapyroklastischem Gestein. Elongierte Aggregate von usprünglich sedimentären Komponenten (dunkel) und feldspatreichen Aggregaten (hell) zeigen mit ihren Langachsen die Orientierung des Streckungslinears an. Calcatapul Formation (? Silur–Devon), Quebrada Yancamil, Sierra de Calcatapul, Chubut Provinz, Patagonien, Argentinien. (Foto aus von Gosen und Loske 2004, verändert).*

Abb. 6.02 *Foto © G. Kleinschmidt*

Abb. 6.03 *Foto aus von Gosen und Loske 2004, verändert*

Abb. 6.04: *Gestrecktes Metakonglomerat. Geländebuch links unten als Maßstab (Pfeil). Gelbes Rechteck zeigt Ausschnitt der Abb. 6.05. Jungproterozoikum in delamerischer (~ 500 Ma) Überschiebungszone. 5 km südwestlich Normanville, Fleurieu-Halbinsel, Südaustralien.*

Abb. 6.05: *Ausschnitt aus Abb. 6.04. Die Gerölle des Metakonglomerats sind stark in Richtung des Kugelschreibers (Pfeil) gelängt (gestreckt).*

Abb. 6.04 *Foto © G. Kleinschmidt*

Abb. 6.05 *Foto © G. Kleinschmidt*

Abb. 6.06: *Kalkschiefer mit einem Aggregat von Pyritkörnern, das von einem Streckungshof (hell) umgeben ist. Der Hof ist mit Kalzit-Fasern gefüllt. Die Langachsen des Streckungshofes und der Fasern markieren die Orientierung des Streckungslinears, das auch als parallele Streifung in der umgebenden Matrix abgebildet wird. Der gesamte Streckungshof ist 3,2 cm lang. Oberjura (Malm), Färnigen, Kanton Uri, Aarmassiv, Westalpen, Schweiz.*

Abb. 6.07: *Gestreckter boudinierter Turmalin in quarzitischem Glimmerschiefer, ca. 4 cm lang. Genauer Fundort unbekannt, Westalpen, Schweiz.*

Abb. 6.06 *Foto © W. von Gosen*

Abb. 6.07 *Foto © W. Buggisch*

6.2 Mineral-Lineationen

Mineral-Lineationen werden auf Foliations- oder Schieferungsflächen in Form von linear geregelten Mineralen oder Mineral-Aggregaten abgebildet (z. B. Kornformregelung, z. B. Biotit, Amphibol).

Abb. 6.08: *Geregelte Biotite und Amphibole (dunkel) sowie Feldspat-Aggregate (hell) bilden eine Lineation auf der Foliationsfläche eines verformten Tonalits ab. Die Lineation verläuft parallel zum Bleistift von links oben nach rechts unten. Proterozoikum. Südwestküste des Hayes Fiords, Eingang zum Jokel Fiord, Ellesmere Island, kanadische Arktis.*

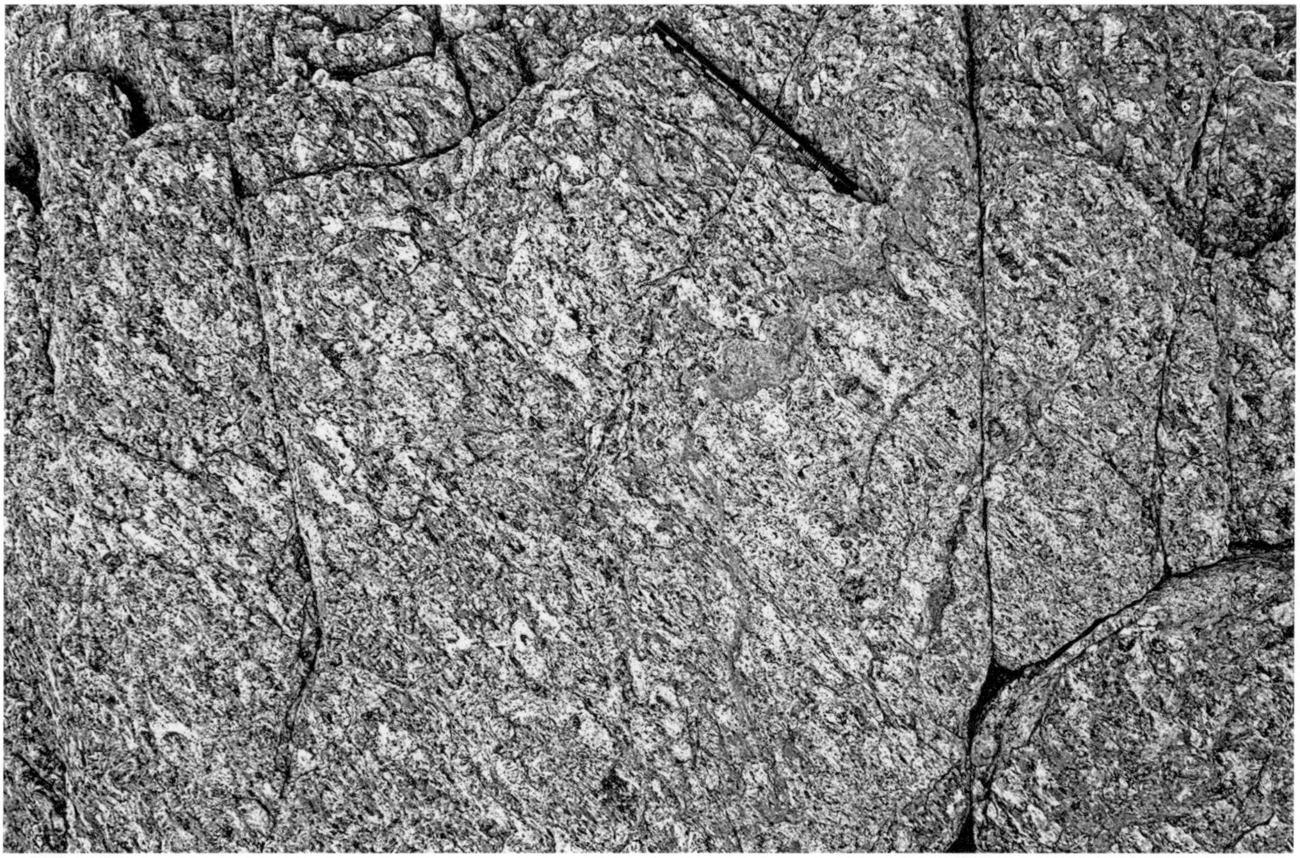

Abb. 6.08 *Foto © W. von Gosen*

6.3 Achsen von Kleinfalten

Abb. 6.09: *Die Falten dünner Phyllitlagen zeigen zusätzlich eine feine Fältelung. Die Achsen dieser Kleinfalten bilden Lineare auf den Foliationsflächen, parallel zu den Achsen der größeren Falten. Straumøya, südlich Bodø, Norwegen.*

6.4 Runzelung

Das lineare Element Runzelung wird auch als Krenulation (engl. „crenulation") bezeichnet. Sie stellt eine Kleinfältelung von planaren Elementen (meist Schieferungs- oder Foliationsflächen) dar. Sie kann auch über den Verschnitt von flächigen tektonischen Elementen gebildet werden. Die Flanken der Runzeln können sich zu Krenulationsschieferung (vgl. Abschn. 5.10) entwickeln.

Abb. 6.10: *Blick auf Foliationsfläche in einem siltigen Phyllit. Die Fläche wird von einer älteren, nahezu horizontal verlaufenden, feinen Runzelung betroffen. Diese Runzelung wird von einer jüngeren, steileren Runzelung überprägt (linke Bildhälfte). Verrucano. Urseren Zone, Westalpen, Schweiz.*

Abb. 6.09 *Foto © P. Pickelmann*

Abb. 6.10 *Foto © W. von Gosen*

6.5 δ-Lineare

δ-Lineare sind die Schnittlinien zweier ungleichwertiger Flächenscharen. Bildet dieses Linear den Verschnitt von Schichtflächen (S_0) und ersten Schieferungsflächen (S_1) so spricht man vom δ_1-Linear. Dieses Linear ist bei der regionalen Rekonstruktion von ersten Falten (F_1) von Bedeutung, da es parallel zu ersten Faltenachsen (B_1) verläuft, vorausgesetzt diese sind nicht gekrümmt. Schnittlineare im Verschnitt von S_1- und S_2-Flächen werden als δ_2-Lineare bezeichnet.

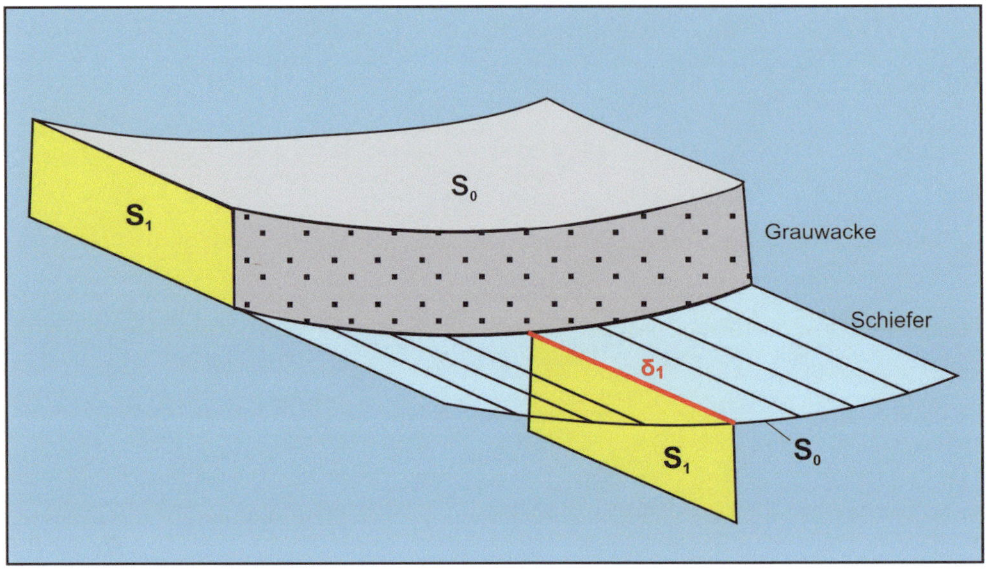

Abb. 6.11: Skizze zu Abb. 6.12 und 6.13.

Abb. 6.12: *δ_1-Lineare in einer Mulde in variszischer Schieferserie. Gelbes Rechteck zeigt Ausschnitt der Abb. 6.13. Turbiditfolge des Unterdevons, Bunte Kuh, B 267, Ahrtal, Rheinisches Schiefergebirge.*

Abb. 6.13: *Nahaufnahme des in Abb. 6.12 markierten Ausschnitts. δ_1-Lineare in einer Muldenstruktur sind auf der Schichtfläche bei der Münze gut zu erkennen.*

Abb. 6.12 *Foto © F. Tessensohn*

Abb. 6.13 *Foto © F. Tessensohn*

7 Boudinage

Boudins entstehen durch lagenparallele Dehnung einer geschichteten Gesteinsfolge mit unterschiedlichen rheologischen Eigenschaften. Die relativ starren kompetenten Lagen zerreißen und bilden die Boudins (frz. „Würste“). Das weiche inkompetente Material reagiert plastisch und schmiegt sich an die Boudins an.

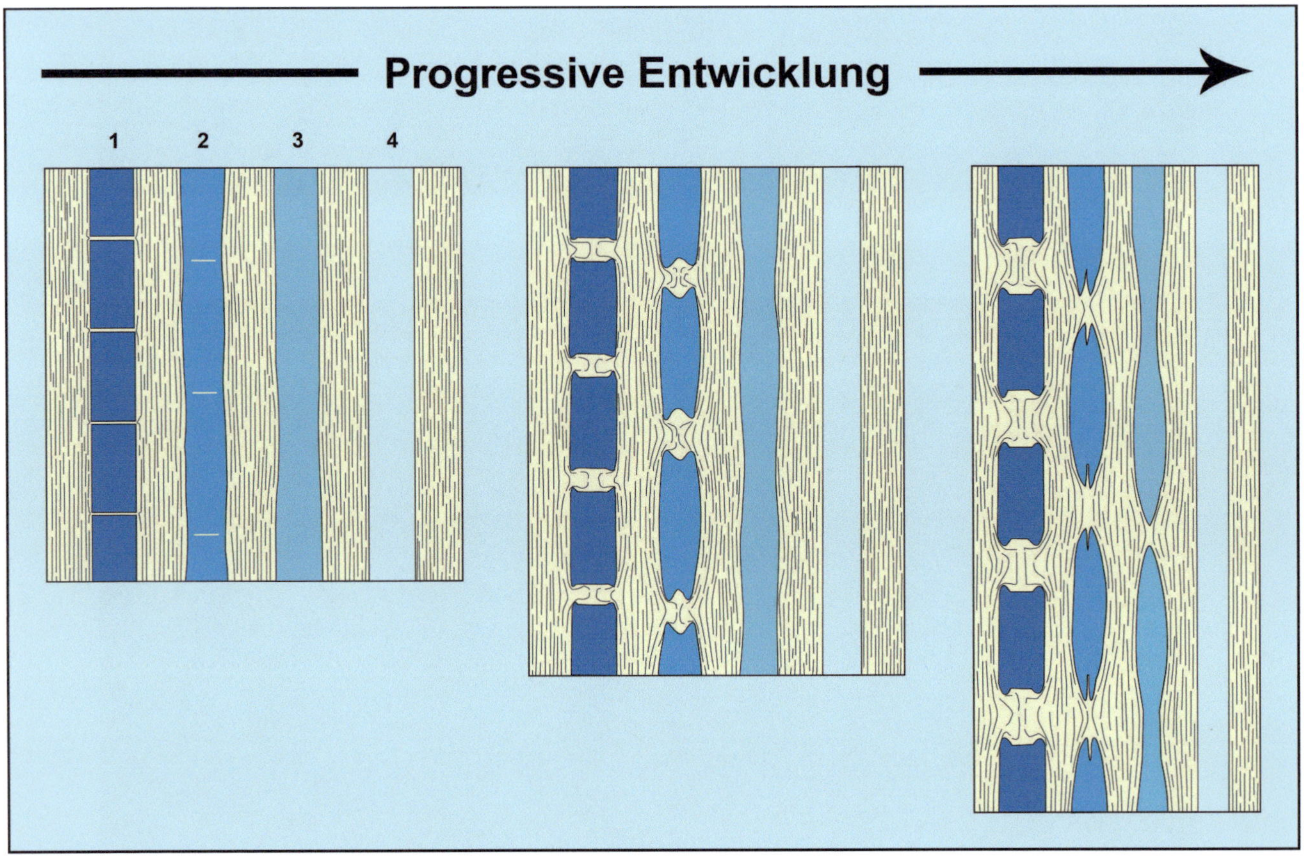

Abb. 7.01: Progressive Entwicklung von Boudinage. Die kompetenten Bänder 1, 2, 3 und 4 sind nach abnehmender Kompetenz gereiht. Die Eigenschaften des Bandes 4 entsprechen denen der Matrix. Verändert nach Ramsay (1967).

Abb. 7.02: *Würstchenförmige Boudins in einem grenvillisch (~ 1,1 Ga) geprägten Migmatitkomplex (Anschnitt). Die boudinierte Lage ist ein intermediärer Gang mit hellem anatektischem Saum in einem Orthogneis. Hallgrenskarvet, Nordende von Kirwanveggen, Dronning Maud Land, Antarktis.*

W. von Gosen et al., *Tektonische Strukturen und ihre Interpretation - Ein Bildatlas*, https://doi.org/10.1007/978-3-662-48240-7_7

Abb. 7.02 *Foto © G. Kleinschmidt*

7.1 Boudins

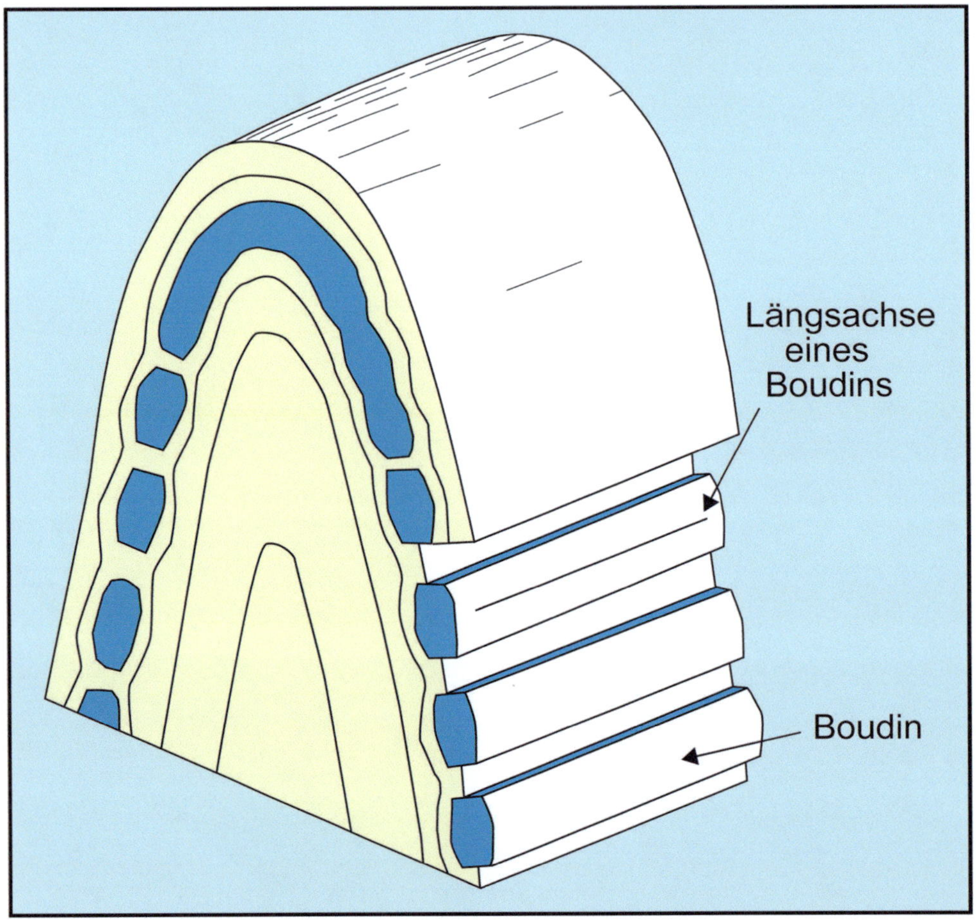

Abb. 7.03: Boudins und Falte, nach Reuther (2012), verändert.

Abb. 7.04: *Boudins in einer Wechselfolge von unreinen quarzitischen Gneisen (hell), Glimmerschiefern (bräunlich) und Amphiboliten (dunkel). Eine starre dunkle Amphibolit- und eine helle Quarz-Feldspat-Lage bilden Boudins. Die Matrix (Glimmerschiefer, relativ glimmerreicher Gneis) reagiert dagegen plastisch. Pioneers Group. Mt. Gass, Haskard Highlands, Shackleton Range, Antarktis.*

Abb. 7.04 *Foto © G. Kleinschmidt*

Abb. 7.05: *Dunkle Amphibolitlagen als Boudins in hellen Gneisen der Stratton Group. Metamorphose und Deformation: panafrikanisch (~ 500 Ma). Mt. Sheffield, nördliche Shackleton Range, Antarktis.*

Abb. 7.06: *Metapsammit-Pelit-Wechselfolge des proterozoischen Damara-Orogens. Die Metapsammite bilden Boudins in der relativ plastischen metapelitischen Grundmasse. Der Boudinzwickel ist von einer Quarzmineralisation gefüllt. Hammergriff unten links als Maßstab. Straße zur Naukluft Bergkette, Namibia, südliches Afrika.*

Abb. 7.05 *Foto © G. Kleinschmidt*

Abb. 7.06 *Foto © F. Tessensohn*

Abb. 7.07: *In proterozoische Gneise injizierte dunkle, basische Gänge unterschiedlicher Mächtigkeit („Scourie Dykes“). Sie wurden bei nachfolgender Deformation wechselnd intensiv ausgedünnt, boudiniert und dabei z. T. zerrissen. Isolierte Bruchstücke drifteten in der senkrechten Foliation auseinander. Die Enden dickerer Gangbruchstücke wurden „fischmaulartig“ zusammengedrückt (Zentrum des Fotos, vgl. Abb. 7.01). Maßstab: Hammer und Feldbuch (Pfeil) an der Aufschlussbasis. Ceannabeinne Bay, östlich Durness, Nordwest-Schottland.*

Abb. 7.07 *Foto © W. von Gosen*

7.2 Pinch-and-swell-Strukturen

Abb. 7.08: *Pinch-and-swell-Struktur von hellen granitischen Mobilisaten in dunklem Biotitgneis. In dem hellen granitischen Material ist der Vorgang der Boudinage nicht völlig verwirklicht, sondern hat nur zur partiellen Ausdünnung geführt. Denn der rheologische Kontrast (Kompetenzunterschied) zwischen der hellen Lage und dem dunklen Gneis ist sehr gering und/oder die Dehnung ist insgesamt nur schwach (vgl. auch Abb. 7.01). Wilson Group, Kavraiskiy Hills, Oates-Land, Antarktis.*

Abb. 7.08 *Foto © G. Kleinschmidt*

7.3 Asymmetrische Boudins

Asymmetrische Boudins (Phacoide; vgl. Abschn. 10.9) werden durch einfache Scherung (simple shear) gebildet. Einschränkend ist zu ergänzen, dass bei schräger Orientierung der kompetenten Lage auch koaxiale Deformation zu asymmetrischen Boudins führen kann.

Abb. 7.09: *Isolierte Kalksteinboudins in kalkigem Phyllit bis Kalkschiefer. Die von der Foliation umflossenen Boudins zeigen asymmetrische Umrisse. ?Altpaläozoikum, Pearya Terrane. Westlich M'Clintock Inlet (nördlich Ooblooyah Creek), Ellesmere Island, kanadische Arktis.*

Abb. 7.10: *Oberdevonische quarzitische Sandsteine in grauer Tonschiefermatrix bilden asymmetrische Boudins. Tintagel, Cornwall, England.*

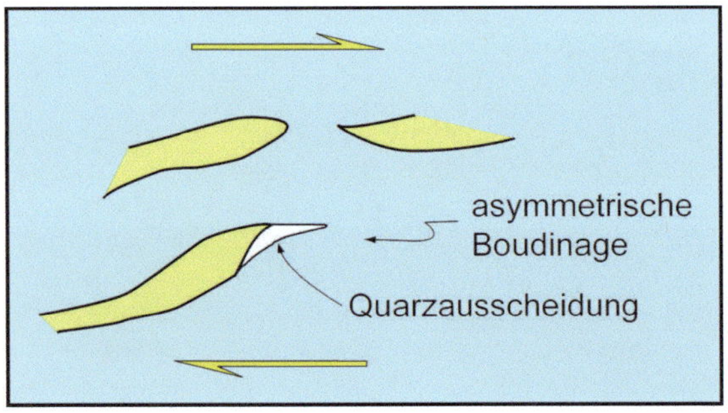

Abb. 7.11: Skizze zu Abb. 7.10.

Abb. 7.12: *Biotit-Glimmerschiefer mit Pegmatit, der in einzelne asymmetrische Boudins aufgelöst ist. Glenelg River Complex. Yarramyljup Creek, ca. 6 km südlich Balmoral, Victoria, Australien. (Foto G. Kleinschmidt aus Kleinschmidt et al. 2003).*

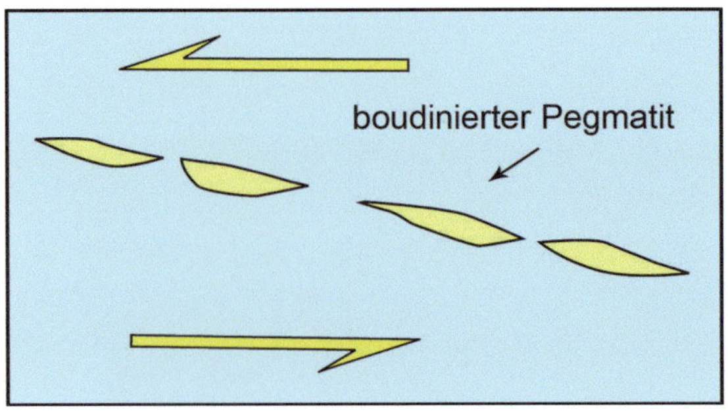

Abb. 7.13: Skizze zu Abb. 7.12.

Abb. 7.09 Foto © W. von Gosen

Abb. 7.10 Foto © G. Kleinschmidt

Abb. 7.12 Foto G. Kleinschmidt
aus Kleinschmidt et al. 2003

7.4 Chocolate-tablet-Struktur

Abb. 7.14: *Chocolate-tablet-Struktur in steil stehendem quarzitischem Turbidit des Karbons in Nebengestein aus Tonschiefern. Die Entstehung dieser Boudinage wird durch zwei Schritte erklärt (Zulauf et al. 2011):*
1) Bildung samt vertikaler Quarzgänge durch horizontale Dehnung.
2) Bildung samt horizontaler Quarzgänge durch vertikale Dehnung.
Almograve, Atlantikküste im Süden der Region Alentejo, Südportugal.

Abb. 7.14

Foto © G. Gutiérrez-Alonso

7.5 Mullions

Der Begriff ist abgeleitet von engl. „mullions“, gerieften Bündelpfeilern gotischer Kathedralen. Nach G. Zulauf (frdl. mdl. Mitteilung) entstehen Mullions in einem kompressiven Regime in inkompetenten Lagen innerhalb einer kompetenten Umgebung. Die Spitzen an den Grenzflächen dieser inkompetenten Lagen zeigen gegensinnig nach außen in das kompetente Material (vgl. auch Zulauf et al. 2003).

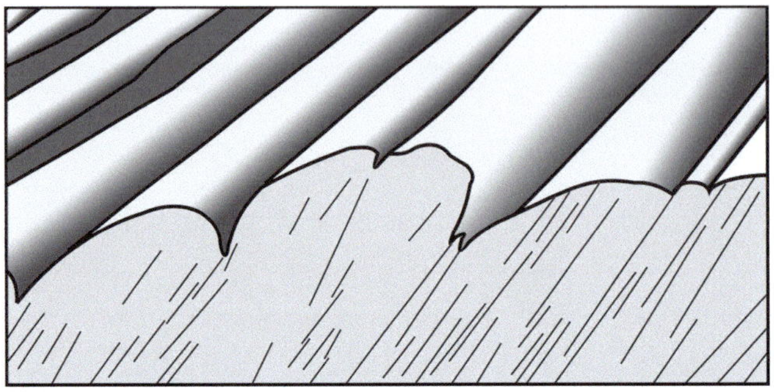

Abb. 7.15: Mullion-Struktur (nach Pilger und Schmidt, 1957, verändert). Dargestellt ist ein Querschnitt durch die walzenförmige Außenstruktur einer beteiligten kompetenten Lage.

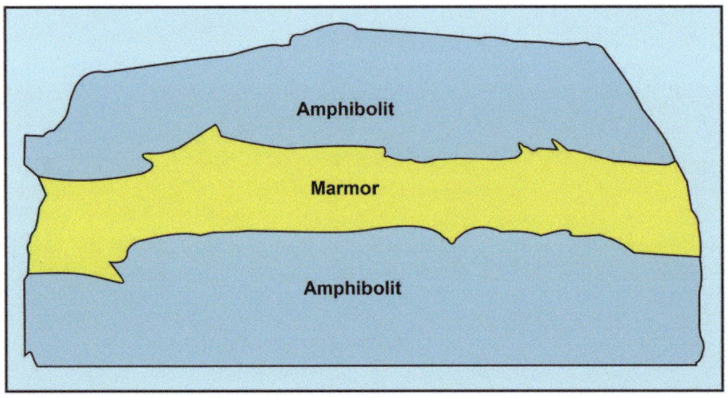

Abb. 7.16: Erläuterungsskizze zu Abb. 7.17. Zwischen den kompetenten Amphiboliten auf beiden Seiten zeigt der inkompetentere Marmor in der Mitte gegensinnig nach außen gerichtete Spitzen.

Abb. 7.17: *Mullions in Amphibolit-Marmor-Wechselfolge des Ross-Orogens. Hammerspitze als Maßstab. Disthenwand, Meandergletscher, Nordvictorialand, Antarktis.*

Abb. 7.18: *Mullions im karbonischen Weschnitzpluton des Odenwalds. Metabasit-Gänge (dunkelgrau) zeigen Mullionstrukturen, deren spitze Enden (Pfeile) in die kompetentere Matrix eines Granodiorits zeigen. Steinbruch Röhrig, Sonderbach bei Heppenheim, Bergsträßer Odenwald.*

Abb. 7.17 *Foto © G. Kleinschmidt*

Abb. 7.18 *Foto © G. Zulauf*

8 Glazialtektonik

Durch die Wirkung von Gletschern oder Inlandeis entstehen Deformationsstrukturen in meist gefrorenen Sedimenten unter oder vor bewegten Eismassen. Die Faltung eiszeitlicher Schmelzwassersande und -kiese konnte nur erfolgen, als das Material durchgefroren war, d. h. die Sand- und Kieskörner vom plastischen Bindemittel Eis umgeben waren.

Abb. 8.01: *Abschiebung in glazialen Sedimenten. Die feingeschichteten Lagen waren bei der Deformation weitgehend starr (gefroren), während die dickeren braunen Lagen und die Abschiebungsbahn Spuren von Aufschmelzung zeigen. Kurze Bildkante ca. 20 cm. Lackfilm aus sandiger Folge der Weichsel-Eiszeit. Ostholstein (Sammlung der Universität Hamburg).*

W. von Gosen et al., *Tektonische Strukturen und ihre Interpretation - Ein Bildatlas,* https://doi.org/10.1007/978-3-662-48240-7_8

Abb. 8.01 *Foto © C.-D. Reuther*

Abb. 8.02: *Aufschiebung in glazialem Sand aus der Saale-Eiszeit. Durch die braunen Leithorizonte sind Richtung und Betrag der aufschiebenden Bewegung (von rechts unten) deutlich erkennbar. Sandgrube im Raum Hannover. (Lackfilm im Besitz von N. Roland).*

Abb. 8.03: *Isoklinale Falte in glazialen Sanden. Weichselzeitliche Stauchendmoräne. 500 m südlich Johannistal, ca. 6,5 km westlich Heiligenhafen (Ostsee), Schleswig-Holstein.*

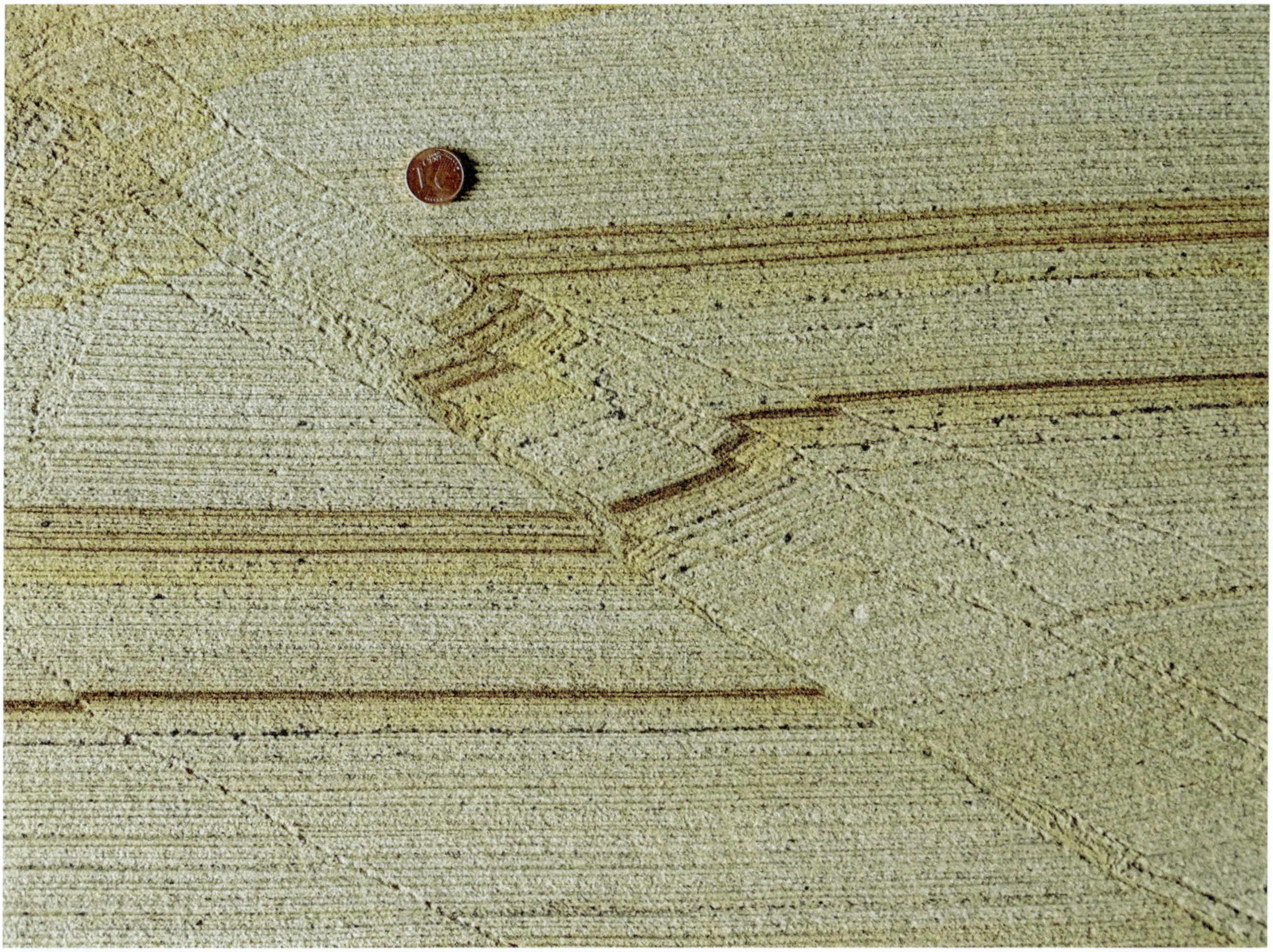

Abb. 8.02 *Foto © M. Huch*

Abb. 8.03 *Foto © G. Kleinschmidt*

9 Salztektonik

Salztektonik umfasst Strukturen, die dort entstehen, wo salinare Schichten im Untergrund von schwereren Deckschichten überlagert werden. Aufsteigendes Salz verursacht Fluidalstrukturen im duktilen Salzkörper selbst und spröde Deformationen in kompetenten Lagen und im angrenzenden Deckgebirge.

Seismische Untersuchungen haben eine Fülle von Randstrukturen von Salzstöcken abgebildet, die die Bedeutung der Tektonik durch Salzaufstieg dokumentieren. Trotz der vielen Salzstöcke im norddeutschen Untergrund gibt es dort aber kaum Oberflächenbilder dieser Tektonik. Dagegen findet man in ariden Gebieten oft gut erhaltene Beispiele von diapirischen Strukturen, weil die Evaporite dort an der Oberfläche nicht weggelöst werden.

Obwohl weniger fließfähig als Salz, sind Evaporite wie Gips oder Anhydrit an Salztektonik beteiligt. In normalen tektonischen Prozessen bilden sie oft die inkompetenten Gleithorizonte zwischen bewegten tektonischen Einheiten.

Salz fließt kristallplastisch unter ca. 250° C. Im Stiel von Diapiren entstehen L-Tektonite, im Dach S-Tektonite (vgl. Abb. 3.68).

Abb. 9.01: *Enge Faltung in permischen Evaporiten Nordostgrönlands. Bedingt durch tertiäre Bruch- und Kompressionstektonik wurde der Aufstieg von Salzstöcken ausgelöst. An einzelnen Stellen erreichen eng gefaltete Gipshüte die Oberfläche. 5 km südöstlich der dänischen Station Nord, Princesse Ingeborg Halvø, Kronprins Christian Land, Nordostgrönland.*

W. von Gosen et al., *Tektonische Strukturen und ihre Interpretation - Ein Bildatlas,* https://doi.org/10.1007/978-3-662-48240-7_9

Abb. 9.01 *Foto © F. Tessensohn*

Abb. 9.02: *Salzstock-Struktur auf Ellesmere Island in der kanadischen Arktis. Tonige Deckschichten wurden durch den Salzaufstieg angehoben (rechts im Bild), die Salzlösung führte dann zum Einbruch der Schichtfolge in der Bildmitte.*

Abb. 9.03: *Die flachlagernde Sediment-Abfolge des Coloradoplateaus wird im Canyonland Nationalpark durch eine auffällige Rundstruktur mit gestörten Schichten im Zentrum und aufgeworfenen Rändern durchbrochen. An der Oberfläche gibt es keine evaporitischen Gesteine, allerdings sind solche im Untergrund durch Explorationsarbeiten in der Umgebung bekannt. Upheaval Dome, Canyonland National Park, Utah, USA.*

Abb. 9.02 *Foto © F. Tessensohn*

Abb. 9.03 *Foto © Google Earth*

Abb. 9.04: *Bookshelf-Struktur (vgl. Abschn. 10.7) im Salz. Beim plastischen Fließen des Steinsalzes zu beiden Seiten hat die helle Anhydritlage in der Bildmitte kompetent auf die Deformation reagiert und diese Struktur geformt. Der Halbpfeil zeigt den Schersinn an. Zechstein der Asse, Schacht II, Niedersachsen.*

Abb. 9.05: *Faltentektonik im Steinsalz unter Tage. Die dunklen Bögen und die hellen subvertikalen Striemen sind Abbauspuren, der Haken (Pfeil) misst vertikal ca. 10 cm. Zechstein der Asse, Schacht II, Niedersachsen.*

Abb. 9.04 *Foto © G. Kleinschmidt*

Abb. 9.05 *Foto © G. Kleinschmidt*

Abb. 9.06: *Faltung und Boudinage im Salz. Rotes Steinsalz des Zechsteins mit grauer boudinierter Anhydritlage. Schacht Marie, Salzstock Morsleben, 7 km östlich Helmstedt.*

Abb. 9.07: *Beginnende Fließfaltung in weißen Gips- und roten Tonschichten des Keupers. Sie bilden im miozänen Deckenstapel von Mallorca meistens die Gleithorizonte an der Basis der tektonischen Einheiten. Pass am Puig de ses Dones, Me-10 nördlich Andratx, Südwest-Mallorca, Balearen, Spanien.*

Abb. 9.06 *Foto © M. Mertineit*

Abb. 9.07 *Foto © F. Tessensohn*

Anhang: Bewegungsindikatoren 10

Die Übersicht der Bewegungsindikatoren (Tab. 10.01) soll Hilfe bei der Auswertung von Geländebeobachtungen bieten. Gegliedert in die semiduktilen, duktilen sowie spröden Bereiche der Verformung, umfassen die Indikatoren Dimensionen vom mm- bis in den km-Bereich. Nur unter dem Mikroskop (u. d. M.) bestimmbare Indikatoren sind hier nicht dargestellt, auf sie wird vereinzelt in den Anmerkungen verwiesen.

Ausgewählte Indikatoren sind in diesem Abschnitt durch Abbildungen illustriert. Zhang und Fossen (2020) warnen jedoch vor zahlreichen Zweifelsfällen scheinbarer Schersinnindikatoren.

Abb. 10.01: *Blick von oben auf Quarz-Karbonat-Klast in subvertikaler Foliation eines Glimmerschiefers. Seine σ-Form weist auf einen sinistralen Relativ-Schersinn. Flåen Formation der Mosselhalvøya Group, Mesoproterozoikum. Mosseldalen, Ny Friesland, Spitzbergen.*

W. von Gosen et al., *Tektonische Strukturen und ihre Interpretation – Ein Bildatlas,* https://doi.org/10.1007/978-3-662-48240-7_10

Abb. 10.01 *Foto © W. von Gosen*

Tab. 10.01: Übersicht der Bewegungsindikatoren.

	Kinematische Indikatoren	Skizze	Abbildungen	Anmerkungen
1. (semi)duktil	a. σ-"Klasten"		3.64, 10.11 - 10.13, 10.18, 10.20	können etwa sigmoidal ausgebildet sein
	b. δ-"Klasten"		10.14 - 10.17, 10.19, 10.20	
	c. Glimmerfische			meist sigmoidal ausgebildet, oft nur unter dem Mikroskop (u.d.M.)
	d. Rotierte Mineralkörner		10.26 - 10.28	mit erkennbarem Rotationssinn (z.B. Schneeballgranat), oft nur u.d.M.
	e. Stair-Stepping		10.21, 10.22	oft nur u.d.M.
	f. Köcherfalte	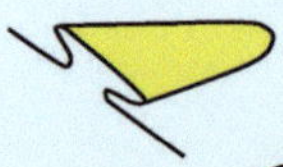	4.42 - 4.45	= Futteralfalte, Taschenfalte; engl. = sheath fold
	g. Asymmetrische Boudins, Phacoide		7.09 - 7.12, 10.29, 10.30	
	h. Intrafolialfalten		4.40, 4.41, 10.31 - 10.34	
2. duktil und spröde	a. S/C-Gefüge		10.02 - 10.06	2 Flächenscharen, Sigmoidalform häufig
	b. ecc-Gefüge/ C'-Gefüge	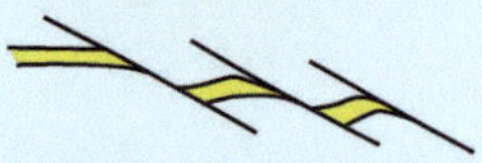	10.09, 10.10	2 Flächenscharen, Sigmoidalform möglich
	c. Scherbänder	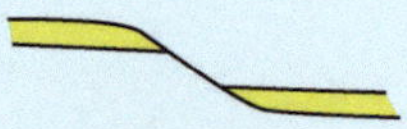	10.07, 10.08	werden von manchen Autoren mit ecc/C'-Gefügen zusammengefaßt (Passchier & Trouw, 1996)
	d. Bookshelf-Struktur		10.23 - 10.25	2 Flächen als obere und untere Begrenzungen
	e. Fiederspalten		2.28 - 2.30	oft sigmoidal verbogen, samt Füllung
	f. Duplex-Struktur		3.46, 3.47	2 Flächen als obere und untere Begrenzungen
	g. Imbrikation			auch als Dachziegellagerung bezeichnet; keine strenge obere Begrenzung
	h. Einrotierte, relativ rigide Mineralkörner		10.28	z.B. Turmalin
	i. Schleppung		3.12, 3.13, 3.17	
	j. Vergenz	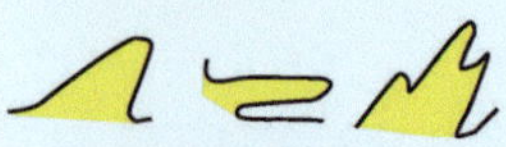	4.12 - 4.14, 4.47, 4.48, 4.55	wird oft genannt, ist aber meistens ungeeignet

Tab. 10.01: (Fortsetzung): Übersicht der Bewegungsindikatoren.

	Kinematische Indikatoren	Skizze 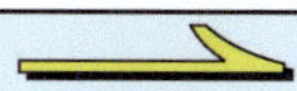	Abbildungen	Anmerkungen
3. spröde	a. Versatz einer Vorzeichnung	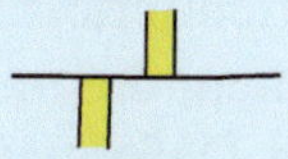	3.05 - 3.09, 3.33	Vorzeichnung: z.B. stratigraphischer Horizont, Gang
	b. Abrisskanten und Harnische		3.49, 3.50	mit entsprechendem Faserwachstum; siehe auch 4b.
	c. Pull-apart-Struktur		3.37	
	d. Riedelflächen	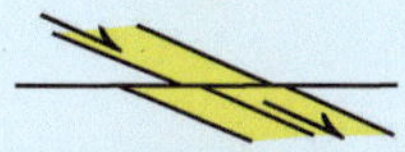	3.52 - 3.54	hier synthetisch bzgl. der Haupt-Verschiebungsfläche
	e. Parabelrisse	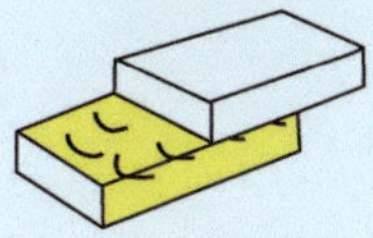	3.55, 3.56	
4. Faserwachstum	a. Asymmetrisches Mineralfaserwachstum auf Klüften bzw. in Spalten		2.22 - 2.27	Sigmoidalform möglich
	b. Mineralfaserwachstum an Abrisskanten	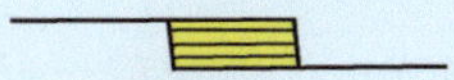	3.49, 3.50	siehe auch 3b.
	c. Mineralfaserwachstum im Druckschatten von starren Mineralkörnern	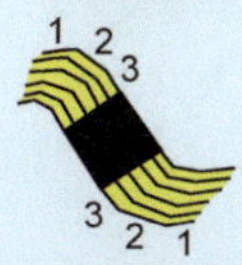	ähnlich 6.06, dort aber symmetrisch	oft nur u.d.M.; werden auch als "Mineralbärte" bezeichnet; Wachstumsstadien von 1 bis 3, oft schwer zu bestimmen

Literaturhinweise, auch weiterführend:

Berthé et al. (1979a, b), Platt (1979), Schmid et al. (1981), Simpson und Schmid (1983), Ramsay und Huber (1987), Lister und Snoke (1984), Culshaw (1987), Simpson und Wintsch (1989), Krohe (1990), Passchier und Trouw (1996), Lin (1999, 2001), Müller et al. (2000), Zhang und Fossen (2020).

10.1 S/C-Gefüge

S/C-Gefüge bilden sich gleichzeitig während einer Deformation. Dabei entstehen zwei Flächenscharen unterschiedlicher Qualität: S = schistosité: orientierte Einregelung und dadurch Bildung einer Flächenschar; C = cisaillement: eigentliche Scherflächen, die meist penetrativ ausgebildet sind.

Flächenpaare, die (z. B. zeitlich) unterschiedlichen Deformationen zugeordnet werden, sind keine S/C-Gefüge.

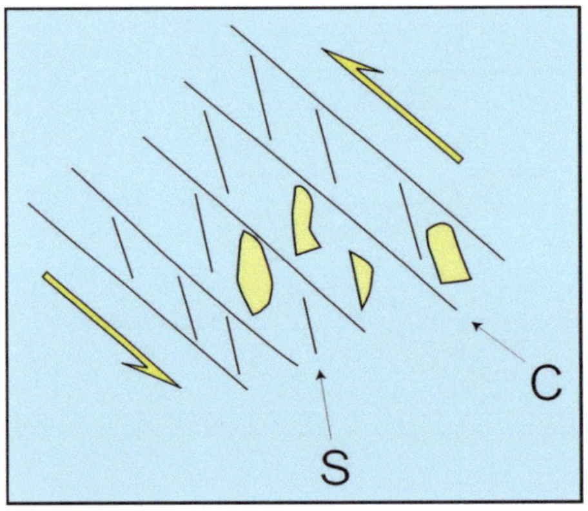

Abb. 10.02: Skizze zu Abb. 10.03.

Abb. 10.03: *S/C-Gefüge aus einer Überschiebungszone. Der Granit mit einem Intrusionsalter von ca. 500 Ma wurde um ca. 480 Ma deformiert. Granit und Deformation gehören zur Ross-Orogenese. Wilson Thrust, Pomerantz Tableland, Oates-Land, Antarktis. (Foto aus Kleinschmidt 2001).*

Abb. 10.04: *Blick von schräg oben auf S/C-Gefüge in zerschertem Tonalit. Die Spuren der C-Flächen verlaufen parallel zum Bleistift, die der S-Flächen von links oben nach rechts unten. Der relative Schersinn ist dextral (Halbpfeile). Proterozoikum, Südwestküste des Hayes Fiords, Eingang zum Jokel Fiord, Ellesmere Island, kanadische Arktis.*

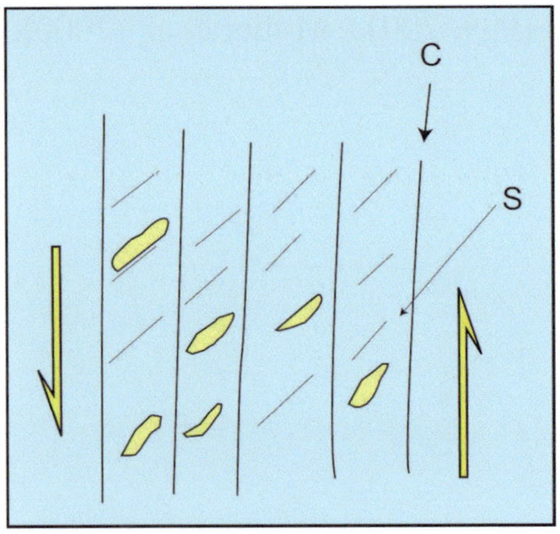

Abb. 10.05: Skizze zu Abb. 10.06.

Abb. 10.06: *S/C-Gefüge in zerschertem Granit. Intrusion und Deformation um 500 Ma. Black Ridge, Deep Freeze Range, Transantarktisches Gebirge, Nordvictorialand, Antarktis.*

Abb. 10.03 *Foto aus Kleinschmidt 2001*

Abb. 10.04 *Foto © W. von Gosen*

Abb. 10.06 *Foto © G. Kleinschmidt*

10.2 Scherbänder

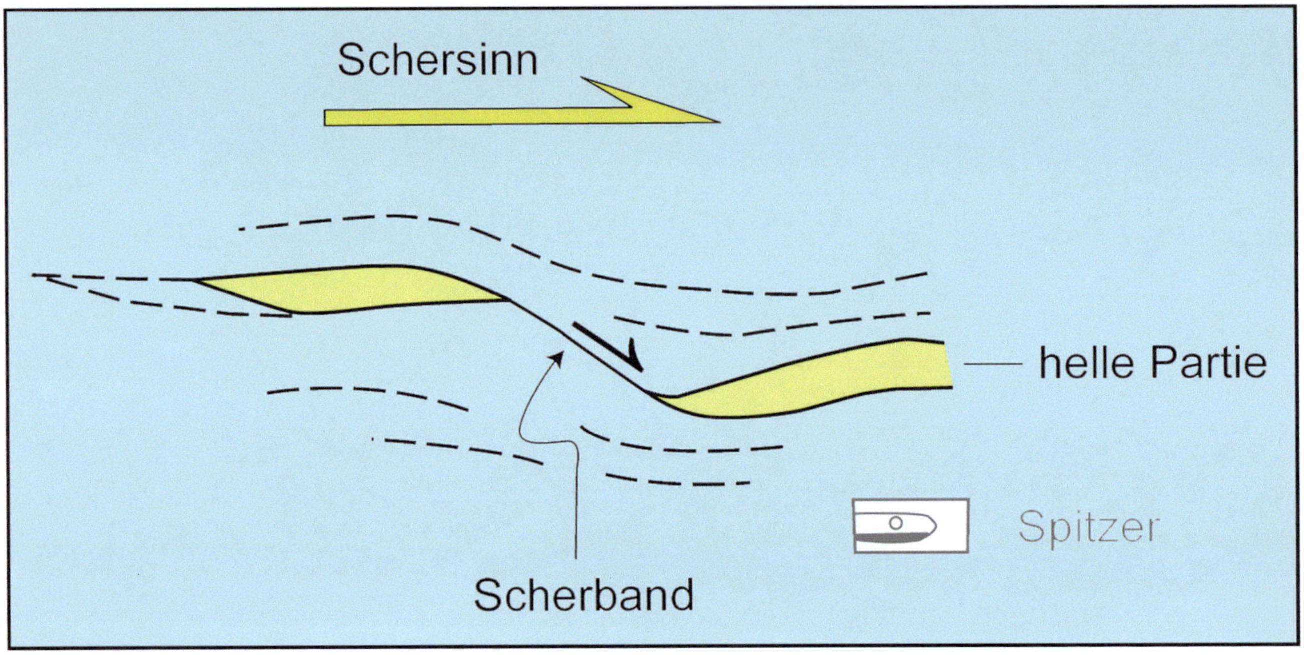

Abb. 10.07: Skizze zu Abb. 10.08.

Abb. 10.08: *Scherband in Biotit-Paragneis als Schersinn-Indikator. Charlesworth Cliffs, Herbert Mountains, Shackleton Range, Antarktis.*

Abb. 10.08 *Foto © G. Kleinschmidt*

10.3 ecc-Gefüge

Die Abkürzung „ecc“ steht für „extensional crenulation cleavage“, die von Platt (1979) erstmals beschrieben wurde. Es handelt sich dabei um eine Flächenschar, die sich bei Dehnung („extension“) einer zuvor im selben Gesamtprozess entstandenen Foliation bildet und mit dieser einen Winkel von deutlich unter 45° bildet. Die Anlage des ecc-Gefüges führt zu offenen, sigmoidalen Verbiegungen (= „crenulations“) der etwas älteren Foliation. Aus dem Verschiebungssinn entlang der ecc-Flächen ergibt sich zugleich der Gesamtschersinn parallel zur etwas älteren Foliation (vgl. Abb. 10.09 und auch Tab. 10.01). Manche Autoren betrachten die ecc-Gefüge als semiduktiles bis duktiles Analogon spröd gebildeter Riedel-Scherflächen, und statt ecc-Gefüge wird auch die Bezeichnung C'-Gefüge verwendet.

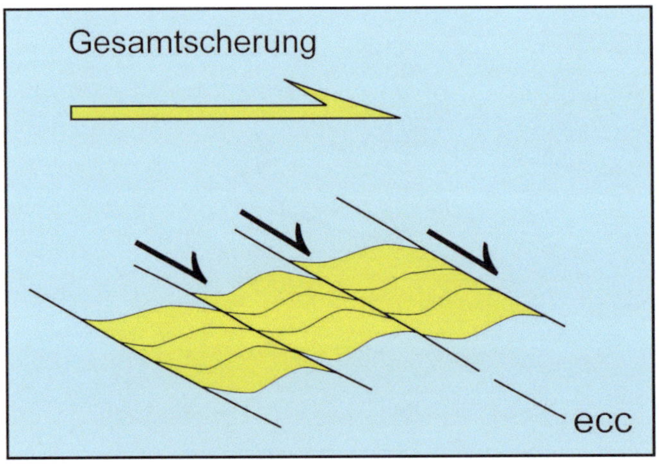

Abb. 10.09: Skizze zu Abb. 10.10.

Abb. 10.10: *ecc-Gefüge als Schersinn-Indikator. Altpaläozoischer(?) Glimmerschiefer. Wimitztal, 6,5 km nördlich von St. Veit an der Glan, Gurktaler Alpen, Kärnten, Österreich.*

Abb. 10.10 *Foto © G. Kleinschmidt*

10.4 σ-Gefüge

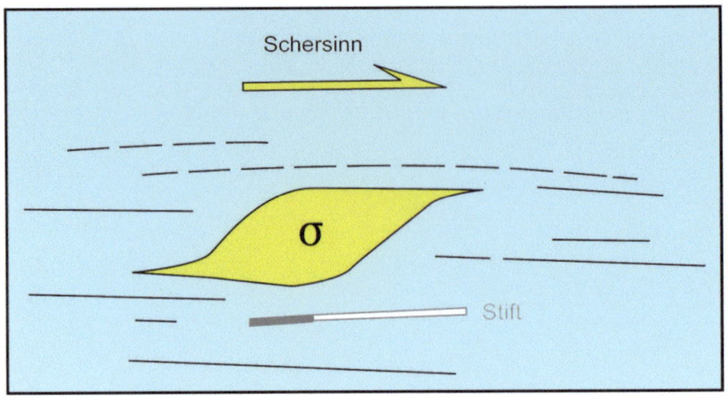

Abb. 10.11: Skizze zu Abb. 10.12.

Abb. 10.12: *σ-Gefüge (auch σ-Klast, σ-Objekt), hier als Schersinn-Indikator. σ-Objekt ist in diesem Fall ein Quarz-Feldspat-Mobilisat in einem migmatitischen Gneis der Wilson Group. Deutsche Gondwana-Station, Terra Nova Bucht, Nordvictorialand, Antarktis.*

Abb. 10.13: *Blick von oben auf die Spur einer subvertikalen Foliation in einem Orthogneis-Mylonit des paläozoischen Pearya Terranes. Feldspat-Porphyroklast zeigt asymmetrischen σ-Umriss. Dieser belegt einen sinistralen Relativ-Schersinn (Halbpfeil). Cape Columbia, Ellesmere Island, kanadische Arktis. (Foto aus von Gosen et al. 2012, verändert).*

Abb. 10.12 *Foto © G. Kleinschmidt*

Abb. 10.13 *Foto aus von Gosen et al. 2012, verändert*

10.5 δ-Gefüge

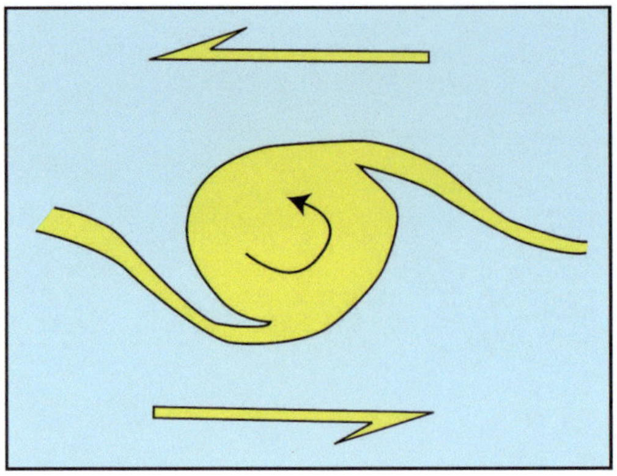

Abb. 10.14: Skizze zu Abb. 10.15.

Abb. 10.15: *δ-Gefüge (auch δ-Klast, δ-Objekt). Biotit-Glimmerschiefer des Glenelg River Complexes mit Quarzmobilisaten. Yarramyljup Creek, 6 km südlich Balmoral, Victoria, Australien.*

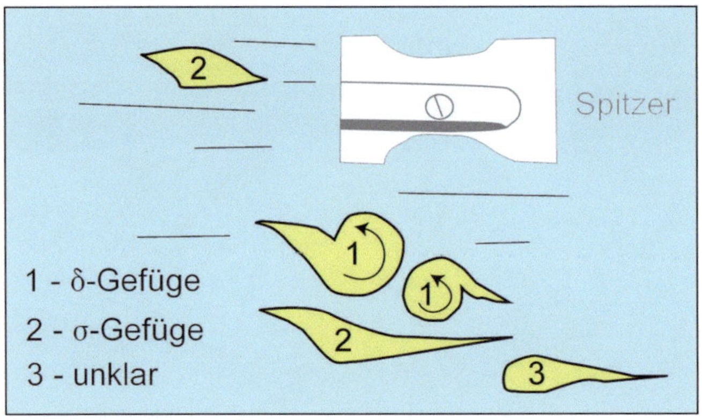

Abb. 10.16: Skizze zu Abb. 10.17.

Abb. 10.17: *δ- und σ-Gefüge im Gneis der Stratton Group ergeben einen identischen relativen Schersinn. Mt. Sheffield, Shackleton Range, Antarktis.*

Abb. 10.15 Foto © G. Kleinschmidt

Abb. 10.17 Foto © G. Kleinschmidt

In einigen Fällen ist es schwierig, σ- und δ-Gefüge zu unterscheiden. Die beiden Möglichkeiten führen zu gegensätzlichem Schersinn. In solchen Fällen sollte die Schersinnbestimmung möglichst durch andere Indikatoren unterstützt werden. Eine Diskussion solcher und ähnlicher Zweifelsfälle liefern Zhang und Fossen (2020).

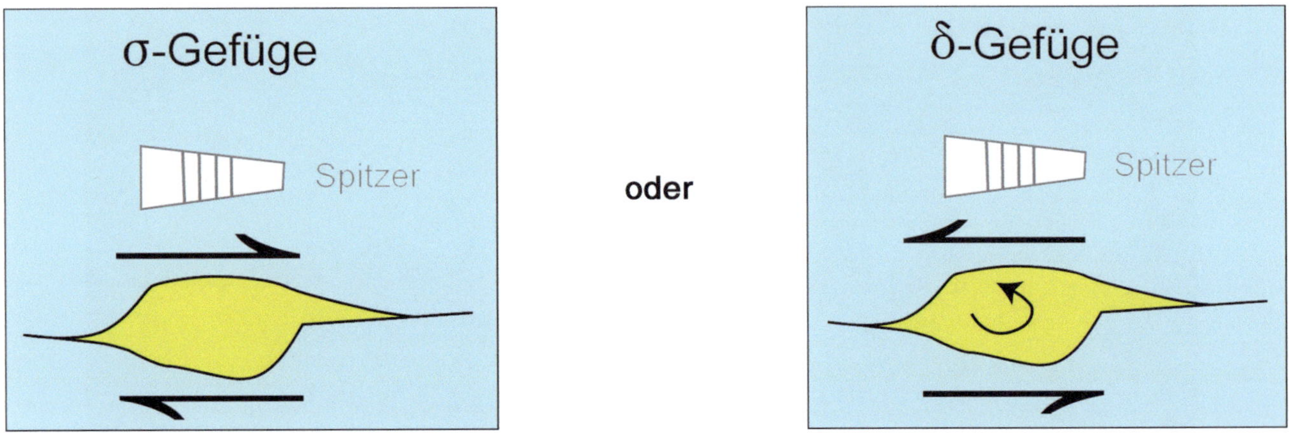

Abb. 10.18 und Abb. 10.19: Skizzen zu Abb. 10.20 mit unterschiedlicher Interpretation.

Abb. 10.20: *δ- oder σ-Gefüge als problematischer Schersinn-Indikator in Gneis der Stratton Group. Mt. Sheffield, Shackleton Range, Antarktis.*

Abb. 10.20 *Foto © G. Kleinschmidt*

10.6 Stair-stepping

Als Stair-stepping wird das stufenartige Ansteigen mechanisch wirksamer Flächen in Richtung der Scherbewegung bezeichnet. Es tritt meist im Zusammenhang mit anderen Schersinn-Indikatoren wie σ-, δ-Klasten, Glimmerfischen oder ± gedrehten Granaten auf. Letzteres liegt im gezeigten Beispiel der Abb. 10.22 vor. Auf Stair-stepping als Schersinn-Indikator wurde zuerst von Lister und Snoke (1984) hingewiesen. Gute Darstellungen finden sich u. a. bei Passchier und Trouw (1996).

Abb. 10.21: Skizze zu Abb. 10.22.

Abb. 10.22: *Stair-stepping in Granatglimmerschiefer aus dem Ophiolith-Komplex der Shackleton Range mit einem Alter zwischen unter 1000 Ma und dem Metamorphosealter bei 500 Ma. Herbert Mountains, Shackleton Range, Antarktis.*

Abb. 10.22 *Foto © G. Kleinschmidt*

10.7 Bookshelf-Strukturen

Abb. 10.23: *Bookshelf-Strukturen an Überschiebung in tertiären Kalken. Halbpfeil zeigt Verschiebungssinn. Gozo, Malta.*

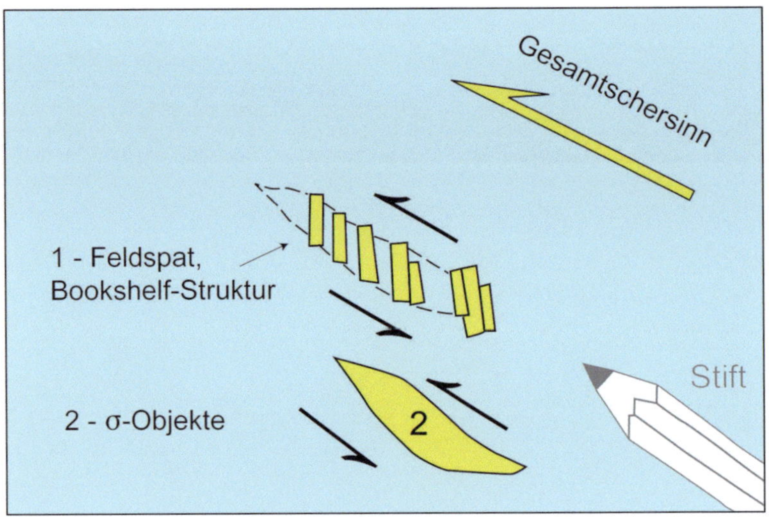

Abb. 10.24: Skizze zu Abb. 10.25.

Abb. 10.25: *Bookshelf-Struktur als Schersinn-Indikator. Zerscherter Feldspat in biotitreichem, feldspatführendem Mylonit. Mylonitisierung panafrikanisch (~ 500 Ma). Südliche Otter Highlands, Shackleton Range, Antarktis. (Foto G. Kleinschmidt aus Buggisch et al. 1994).*

Abb. 10.23 Foto © C.-D. Reuther

Abb. 10.25 Foto G. Kleinschmidt aus Buggisch et al. 1994

10.8 Rotierte Mineralkörner

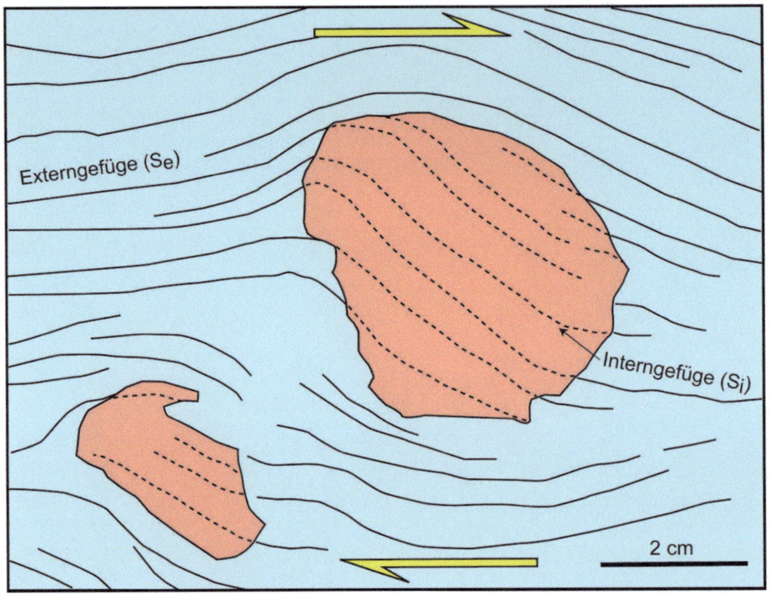

Abb. 10.26: Skizze zu Abb. 10.27.

Abb. 10.27: *Rotierter Granat als Schersinn-Indikator in Granat-Glimmerschiefer. Bachgeröll von Obergurgl, Tirol, Österreich.*

Abb. 10.28: *Einrotierte Turmaline in früh-alpidisch deformiertem permischem Pegmatit. Aus der Einregelung lässt sich ein dextraler Bewegungssinn ableiten. Bei der Weinebene, Koralpe, Kärntner Seite, Österreich.*

Abb. 10.27 Foto © W.Schiller

Abb. 10.28 Foto © G. Kleinschmidt

10.9 Phacoide

Phacoide sind linsenförmige, oft asymmetrische Scherkörper, ursprünglich beschrieben aus sedimentären Gleitmassen (Voigt 1962).

Abb. 10.29: *Phacoid eines sauren Meta-Magmatits in straff foliierter Phyllitfolge. Der isolierte Phacoid-Körper deutet einen σ-Umriss an, der auf eine Relativ-Scherung der Hangendscholle nach rechts weist (Halbpfeil). San Luis Formation (Neoproterozoikum–Unterkambrium). Sierra de San Luis, Sierras Pampeanas, Argentinien.*

Abb. 10.30: *Isolierter Quarzit-Klast in straff foliierter Phyllitfolge. Die asymmetrische σ-Form des Phacoids weist auf einen Relativ-Schersinn der Hangendpartie nach rechts (Halbpfeil). San Luis Formation (Neoproterozoikum–Unterkambrium). Sierra de San Luis, Sierras Pampeanas, Argentinien.*

Abb. 10.29 *Foto © W. von Gosen*

Abb. 10.30 *Foto © W. von Gosen*

10.10 Intrafolialfalten

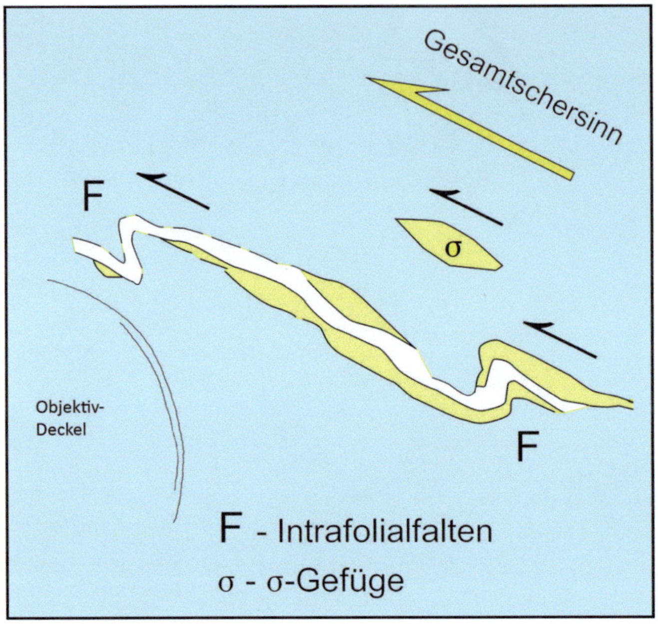

Abb. 10.31: Skizze zu Abb. 10.32.

Abb. 10.32: *Intrafolialfalten als Schersinn-Indikator in mylonitischem Gneis. Stratton Group, Otter Highlands, Shackleton Range, Antarktis.*

Abb. 10.33: Skizze zu Abb. 10.34.

Abb. 10.34: *Die isolierte Intrafolialfalte weist deutlich auf die dextrale Scherung des Gneises hin. Damit stimmen der zerrissene Kurzschenkel und die dortige Quarz-Feldspat-Ausscheidung überein. Gneis aus der Wurzelzone der Monte-Rosa-Decke. Metamorphose vor ca. 40 Ma. Flussbett in Villadossola, Norditalien, Westalpen.*

Abb. 10.32 *Foto © G. Kleinschmidt*

Abb. 10.34 *Foto © G. Kleinschmidt*

Literatur

Alsop, G. I. (2009). Unravelling patterns of folding in high-strain zones. Trabajos de Geología (Universidad de Oviedo), 29, 74–77.

Berglar, K., Gaedicke, C., Ladage, S. & Thöle, H. (2017). The Mentawai forearc sliver off Sumatra: A model for a strike-slip duplex at a regional scale. Tectonophysics, 710–711, 225–231. http://dx.doi.org/10.1016/j.tecto.2016.09.014.

Berthé, D., Choukroune, P. & Gapais, D. (1979a). Orientations préférentielles du quartz et orthogneissification progressive en régime cisaillant: l'exemple du cisaillement sudarmoricain. Bulletin de Minéralogie, 102, 265–272.

Berthé, D., Choukroune, P. & Jegouzo, P. (1979b) Orthogneiss, mylonite and non coaxial deformation of granites: the example of the South Armorican Shear Zone. Journal of Structural Geology, 1 (1), 31–42. https://doi.org/10.1016/0191-8141(79)90019-1.

Biddle, K. T. & Christie-Blick, N. (1985). Glossary – Strike-slip deformation, basin formation, and sedimentation. In: Biddle, K. T. & Christie-Blick, N. (Eds.), Strike-slip deformation, basin formation, and sedimentation. Society of Economic Paleontologists and Mineralogists, Special Publication, 37, 373–386, Tulsa: Society of Economic Paleontologists and Mineralogists.

Borradaile, G. J., Bayly, M. B. & Powell, C. McA. (1982). Atlas of deformational and metamorphic rock fabrics. 551 p., Berlin: Springer.

Boyer, S. E. & Elliott, D. (1982). Thrust systems. American Association of Petroleum Geologists Bulletin, 66 (9), 1196–1230.

Buckingham, T. (2009). Structural evolution and fluid-supported processes in polymineralic tectonites at the Glarus Overthrust. Unveröffentlichte Masterarbeit, Universität Bern.

Buggisch, W., Kleinschmidt, G., Kreuzer, H. & Krumm, S. (1994). Metamorphic and structural evolution of the southern Shackleton Range during the Ross Orogeny. Polarforschung, 63 (1993), 33–56.

Carreras, J., Cobbold, P. R., Ramsay, J. G. & White, S. H. (Eds.). (1980). Shear zones in rocks. Journal of Structural Geology, 2 (1/2), 1–287.

Christie-Blick, N. & Biddle, K. T. (1985). Deformation and basin formation along strike-slip faults. In: Biddle, K. T. & Christie-Blick, N. (Eds.), Strike-slip deformation, basin formation, and sedimentation. Society of Economic Paleontologists and Mineralogists, Special Publication, 37, 1–34, Tulsa: Society of Economic Paleontologists and Mineralogists.

Cloos, H. (1950). Gang und Gehwerk einer Falte. Zeitschrift der Deutschen Geologischen Gesellschaft, 100 (1948), 290–303. www.schweizerbart.de/journals/zdgg.

Cobbold, P. R. & Quinquis, H. (1980). Development of sheath folds in shear regimes. Journal of Structural Geology, 2 (1/2), 119–126. https://doi.org/10.1016/0191-8141(80)90041-3.

Culshaw, N. (1987). Microstructure, c-axis pattern, microstrain and kinematics of some S–C mylonites in Grenville gneiss. Journal of Structural Geology, 9 (3), 299–311. https://doi.org/10.1016/0191-8141(87)90054-X.

Engels, B. (1956). Zur Deutung der Querplattung (Sigmoidalklüftung). Mitteilungen aus dem Geologischen Staatsinstitut in Hamburg, 25, 5–25.

Eskola, P. (1960). Granitentstehung bei Orogenese und Epirogenese. Geologische Rundschau, 50, 105–123. https://doi.org/10.1007/BF01786832.

Fiedler, K. (1965). Strukturgeologische Untersuchungen zur Querplattung (Sigmoidalklüftung) in den Oberkreide-Kalken des Osnings. Mitteilungen aus dem Geologischen Staatsinstitut in Hamburg, 34, 5–125.

Fossen, H. & Cavalcante, G. C. G. (2017). Shear zones – A review. Earth-Science Reviews, 171, 434–455. http://dx.doi.org/10.1016/j.earscirev.2017.05.002.

GANOVEX Team (1987). Geological map of North Victoria Land, Antarctica, 1 : 500 000, explanatory notes. Geologisches Jahrbuch, B 66, 7–79, Hannover. www.schweizerbart.de/series/geoljb.

Gray, D. R. & Durney, D. W. (1979). Crenulation cleavage differentiation: implications of solution-deposition processes. Journal of Structural Geology, 1 (1), 73–80. https://doi.org/10.1016/0191-8141(79)90023-3.

Groshong Jr., R. H. (1988). Low-temperature deformation mechanisms and their interpretation. Geological Society of America Bulletin, 100 (9), 1329–1360. https://doi.org/10.1130/0016-7606(1988)100<1329:LTDMAT>2.3.CO;2.

Hoeppener, R. (1956). Zum Problem der Bruchbildung, Schieferung und Faltung. Geologische Rundschau, 45 (2), 247–283. https://doi.org/10.1007/BF01802011.

Huch, M. & Tessensohn, F. (2013). Mallorca. Wanderungen in die Erdgeschichte (30). 168 S., München: Verlag Dr. Friedrich Pfeil.

Janssen, C. & Friedel, C. H. (1985). Untersuchungen tektonischer Drucklösungserscheinungen in Karbonaten. Veröffentlichungen des Zentralinstituts für Physik der Erde, 83, 1–133.

Kettermann, M., Grützner, C., van Gent, H. W., Urai, J. L., Reicherter, K. & Mertens, J. (2015). Evolution of a highly dilatant fault zone in the grabens of Canyonlands National Park, Utah, USA – integrating fieldwork, ground-penetrating radar and airborne imagery analysis. Solid Earth, 6, 839–855. https://doi.org/10.5194/se-6-839-2015.

Kleinschmidt, G. (1997). Antarktis, bei der Erforschung der Paläogeodynamik unverzichtbares Fragment früherer Großkontinente. Courier Forschungsinstitut Senckenberg, 201, 243–257.

Kleinschmidt, G. (2001). Die plattentektonische Rolle der Antarktis. 85 S., München: Carl Friedrich von Siemens Stiftung.

W. von Gosen et al., *Tektonische Strukturen und ihre Interpretation - Ein Bildatlas,*
https://doi.org/10.1007/978-3-662-48240-7

Kleinschmidt, G. & Skinner, D. N. B. (1981). Deformation styles in the basement rocks of North Victoria Land. Geologisches Jahrbuch, B41, 155–199. www.schweizerbart.de/series/geoljb.

Kleinschmidt, G., Läufer, A. L. & Talarico, F. (2003). Antarktis und Australien, die (fast) Unzertrennlichen – ein Überblick. Polarforschung, 71 (2001), 97–108.

Krohe, A. (1990). Local variations in quartz [*c*]-axis orientations in non-coaxial regimes and their significance for the mechanics of *S–C* fabrics. Journal of Structural Geology, 12 (8), 995–1004. https://doi.org/10.1016/0191-8141(90)90095-G.

Kruck, W. (1974). Querplattung im Muschelkalk Nordwestdeutschlands. Mitteilungen aus dem Geologisch-Paläontologischen Institut der Universität Hamburg, 43, 127–172.

Lin, A. (1999). S–C cataclasite in granitic rock. Tectonophysics, 304 (3), 257–273. https://doi.org/10.1016/S0040-1951(99)00026-8.

Lin, A. (2001). S–C fabrics developed in cataclastic rocks from the Nojima fault zone, Japan and their implications for tectonic history. Journal of Structural Geology, 23 (6–7), 1167–1178. https://doi.org/10.1016/S0191-8141(00)00171-1.

Lisle, R. J. (2004). Geological structures and maps. A practical guide. Third edition, VIII + 106 p., Amsterdam: Elsevier, Butterworth-Heinemann.

Lister, G. S. & Snoke, A. W. (1984). S–C mylonites. Journal of Structural Geology, 6 (6), 617–638. https://doi.org/10.1016/0191-8141(84)90001-4.

McClay, K. R. (1992). Glossary of thrust tectonics terms. In: McClay, K. R. (Ed.), Thrust tectonics. 419–433, London: Chapman & Hall.

Möbus, G. (1989). Tektonik. Eine methodische Einführung für Studium und Praxis. 1. Aufl., 472 S., Leipzig: VEB Deutscher Verlag für Grundstoffindustrie.

Müller, W., Aerden, D. & Halliday, A. N. (2000). Isotopic dating of strain fringe increments: Duration and rates of deformation in shear zones. Science, 288 (5474), 2195–2198. https://doi.org/10.1126/science.288.5474.2195.

Nabholz, W. K. & Voll, G. (1963). Bau und Bewegung im gotthardmassivischen Mesozoikum bei Ilanz (Graubünden). Eclogae geologicae Helvetiae, 56 (2), 755–808.

Neben, S., Damm, V., Brent, T. & Tessensohn, F. (2006). New multi-channel seismic reflection data from Northwater Bay, Nares Strait: Indications for pull-apart tectonics. Polarforschung, 74 (1–3), 77–96.

Passchier, C. W. & Trouw, R. A. J. (1996). Microtectonics. 289 p., Berlin: Springer-Verlag.

Pilger, A. & Schmidt, W. (1957). Die Mullion-Strukturen in der Nord-Eifel. Abhandlungen des Hessischen Landesamtes für Bodenforschung, 20, 1–53.

Platt, J. P. (1979). Extensional crenulation cleavage. Journal of Structural Geology, 1 (1), 95–96.

Plessmann, W. (1965). Gesteinslösung, ein Hauptfaktor beim Schieferungsprozeß. Geologische Mitteilungen, 4 (1963), 69–82.

Ramsay, J. G. (1967). Folding and fracturing of rocks. XVI + 568 p., New York: McGraw-Hill Book Company, International Series in the Earth and Planetary Sciences.

Ramsay, J. G. & Huber, M. I. (1983). The techniques of modern structural geology. Volume 1: Strain analysis. XIII + 307 p., London: Academic Press.

Ramsay, J. G. & Huber, M. I. (1987). The techniques of modern structural geology. Volume 2: Folds and fractures. XIV + 390 p., London: Academic Press.

Reuther, C.-D. (2012). Grundlagen der Tektonik. Kräften und Spannungen der Erde auf der Spur. Springer Spektrum, X + 274 S., Berlin: Springer. https://doi.org/10.1007/978-3-8274-2724-3.

Riedel, W. (1929). Zur Mechanik geologischer Brucherscheinungen. Ein Beitrag zum Problem der „Fiederspalten". Centralblatt für Mineralogie, Geologie und Paläontologie, Abt. B, 1929, 354–368.

Roberts, J. L. (1989). Geological structures. 250 p., London: The Macmillan Press Ltd.

Sander, B. (1911). Über Zusammenhänge zwischen Teilbewegung und Gefüge in Gesteinen. Tschermaks Mineralogische und Petrographische Mitteilungen, 30, 281–314.

Schmid, S. M., Casey, M. & Starkey, J. (1981). An illustration of the advantages of a complex texture analysis described by the orientation distribution function (ODF) using quartz pole figure data. Tectonophysics, 78 (1–4), 101–117. https://doi.org/10.1016/0040-1951(81)90009-3.

Schmincke, H.-U. (2009). Vulkane der Eifel – Aufbau, Entstehung und heutige Bedeutung. 160 S., Heidelberg: Spektrum Akademischer Verlag.

Simpson, C. & Schmid, S. M. (1983). An evaluation of criteria to deduce the sense of movement in sheared rocks. Geological Society of America Bulletin, 94 (11). 1281–1288. https://doi.org/10.1130/0016-7606(1983)94<1281:AEOCTD>2.0.CO;2.

Simpson, C. & Wintsch, R. P. (1989). Evidence for deformation-induced K-feldspar replacement by myrmekite. Journal of Metamorphic Geology, 7 (2), 261–275. https://doi.org/10.1111/j.1525-1314.1989.tb00588.x.

Tchalenko, J. S. (1970). Similarities between shear zones of different magnitude. Geological Society of America Bulletin, 81 (6), 1625–1640. https://doi.org/10.1130/0016-7606(1970)81[1625:SBSZOD]2.0.CO;2

Tessensohn, F., Duphorn, K., Jordan, H., Kleinschmidt, G., Skinner, D. N. B., Vetter, U., Wright, T. O. & Wyborn, D. (1981). Geological comparison of basement units in North Victoria Land, Antarctica. Geologisches Jahrbuch, B 41, 31–88. Hannover. www.schweizerbart.de/series/geoljb.

Tessensohn, F., von Gosen, W. & Piepjohn, K. (2001). Permo-Carboniferous slivers infolded in the basement of Oscar II Land. In: Tessensohn, F. (Ed.), Intracontinental fold belts, CASE 1, West-Spitsbergen. Geologisches Jahrbuch, B 91 (Polar Issue No. 7), 161–199. www.schweizerbart.de/series/geoljb.

Trurnit, P. (1967). Morphologie und Entstehung diagenetischer Druck-Lösungserscheinungen. Geologische Mitteilungen, 7 (2), 173–204.

Trurnit, P. (1968). Pressure solution phenomena in detrital rocks. Sedimentary Geology, 2 (2), 89–114. https://doi.org/10.1016/0037-0738(68)90030-4.

Voigt, E. (1962). Frühdiagenetische Deformation der turonen Plänerkalke bei Halle/Westf. als Folge einer Großgleitung unter besonderer Berücksichtigung des Phacoid-Problems. Mitteilungen aus dem Geologischen Staatsinstitut in Hamburg, 31, 146–275.

Voll, G. (1960). New work on petrofabrics. Liverpool and Manchester Geological Journal, 2/3, 503–567.

Voll, G. (1969). Klastische Mineralien aus den Sedimentserien der Schottischen Highlands und ihr Schicksal bei aufsteigender Regional- und Kontaktmetamorphose. Unveröffentlichte Habilitationsschrift, Technische Universität Berlin, 206 S., Berlin.

Voll, G. (1980). Ein Querprofil durch die Schweizer Alpen vom Vierwaldstätter See zur Wurzelzone – Strukturen und ihre Entwicklung durch Deformationsmechanismen wichtiger Minerale. Neues Jahrbuch für Geologie und Paläontologie, Abhandlungen, 160, 321–335.

von Gosen, W. & Loske, W. (2004). Tectonic history of the Calcatapul Formation, Chubut province, Argentina, and the "Gastre fault system". Journal of South American Earth Sciences, 18 (1), 73–88. https://doi.org/10.1016/j.jsames.2004.08.007.

von Gosen, W. & Piepjohn, K. (2003). Eurekan transpressive deformation in the Wandel Hav Mobile Belt (northeast Greenland). Tectonics, 22 (4), 13-1–13-28. https://doi.org/10.1029/2001TC901040.

von Gosen, W. & Prozzi, C. (2010). Pampean deformation in the Sierra Norte de Córdoba, Argentina: Implications for the collisional history at the western pre-Andean Gondwana margin. Tectonics, 29 (TC2012). https://doi.org/10.1029/2009TC002580.

von Gosen, W., Buggisch, W. & Dimieri, L. V. (1990). Structural and metamorphic evolution of the Sierras Australes (Buenos Aires Province/ Argentina). Geologische Rundschau, 79 (3), 797–821. https://doi.org/10.1007/BF01879216.

von Gosen, W., Piepjohn, K., McClelland, W. C. & Läufer, A. (2012). The Pearya Shear Zone in the Canadian High Arctic: kinematics and significance. Zeitschrift der Deutschen Gesellschaft für Geowissenschaften (German Journal of Geosciences), 163 (3), 233–249. https://doi.org/10.1127/1800-1804/2012/0163-0233, www.schweizerbart.de/journals/zdgg.

Walker, G. P. L. (1993). Basaltic-volcano systems. In: Prichard, H. M., Alabaster, T., Harris, N. B. W. & Neary, C. R. (Eds.), Magmatic processes and plate tectonics. Geological Society London, Special Publications, 76, 3–38. https://doi.org/10.1144/GSL.SP.1993.076.01.01.

Weber, W. [korrekt: Weber, K.] (1972). Brechung der Schieferung. Deutsches Handwörterbuch der Tektonik, 4. Lieferung, Schie, Hannover (Hrsg. Bundesanstalt für Geowissenschaften und Rohstoffe). www.schweizerbart.de/publications/9783510964994.

Weber, K. (1981). Kinematic and metamorphic aspects of cleavage formation in very low-grade metamorphic slates. Tectonophysics, 78 (1–4), 291–306. https://doi.org/10.1016/0040-1951(81)90018-4.

Weiss, L. E. (1972). The minor structures of deformed rocks. A photographic atlas. VII + 431 p., Berlin: Springer.

Woodcock, N. H. & Fischer, M. (1986). Strike-slip duplexes. Journal of Structural Geology, 8 (7), 725–735. https://doi.org/10.1016/0191-8141(86)90021-0.

Wright, T. O. & Platt, L. B. (1982). Pressure solution and cleavage in the Martinsburg Shale. American Journal of Science, 282, 122–135. https://doi.org/10.2475/ajs.282.2.122.

Zhang, Q. & Fossen, H. (2020). The dilemma of asymmetric porphyroclast systems and sense of shear. Journal of Structural Geology, 130 (103893). https://doi.org/10.1016/j.jsg.2019.103893.

Zulauf, G., Gerdes, A., Hattingen, E., Hoefer, H. E., Loeckle, F., Marschall, H. R., Nesbor, H.-D., Petschick, R., Reischmann, T., Schmeling, H. & Zulauf, J. (2021). Development of a synorogenic composite sill at deep structural levels of a continental arc (Odenwald, Germany). Part 1: Sederholm-type emplacement portrayed by contact melt in shrinkage cracks. Tectonophysics, 805 (228774). https://doi.org/10.1016/j.tecto.2021.228774.

Zulauf, G., Gutiérrez-Alonso, G., Kraus, R., Petschick, R. & Potel, D. (2011). Formation of chocolate-tablet boudins in a foreland fold and thrust belt: A case study from the external Variscides (Almograve, Portugal). Journal of Structural Geology, 33 (11), 1639–1649. https://doi.org/10.1016/j.jsg.2011.08.009.

Zulauf, G., Zulauf, J., Hastreiter, P. & Tomandl, B. (2003). A deformation apparatus for three-dimensional coaxial deformation and its application to rheologically stratified analogue material. Journal of Structural Geology, 25 (3), 469–480. https://doi.org/10.1016/S0191-8141(02)00023-8.

Zulauf, G., Zulauf, J. & Maul, H. (2017). Quantification on the geometrical parameters of noncylindrical folds. Journal of Structural Geology, 100, 120–129. http://dx.doi.org/10.1016/j.jsg.2017.06.001.

Zulauf, J., Zulauf, G., Göttlich, J. & Peinl, M. (2014). Formation of chocolate-tablet boudins: Results from scaled analogue models. Journal of Structural Geology, 68, 97–111. https://dx.doi.org/10.1016/j.jsg.2014.09.005.

Zulauf, J., Zulauf, G. & Zanella, F. (2016). Formation of dome and basin structures: Results from scaled experiments using non-linear rock analogues. Journal of Structural Geology, 90, 1–14. http://dx.doi.org/10.1016/j.jsg.2016.07.001.

Stichwortverzeichnis

— Verweise auf Kapitel sind in Fettdruck hervorgehoben —

W. von Gosen et al., *Tektonische Strukturen und ihre Interpretation - Ein Bildatlas,*
https://doi.org/10.1007/978-3-662-48240-7

M

O

P

Q

R

Geographische Herkunft der im Atlas dargestellten Fotos

W. von Gosen et al., *Tektonische Strukturen und ihre Interpretation - Ein Bildatlas,*
https://doi.org/10.1007/978-3-662-48240-7

Nachweis bereits publizierter Abbildungen

Abb.-Nr. im Atlas	Verwendete Original-Abb. (auch verändert) aus Quelle (siehe Literaturverzeichnis)	Copyright und Erlaubnis zur Verwendung der Original-Abb. von
1.02	Abb. 1 aus Cloos (1950)	E. Schweizerbart'sche Verlagsbuchhandlung (Nägele und Obermiller); www.schweizerbart.de/journals/zdgg
1.15	Fig. 7 aus Tessensohn et al. (1981)	E. Schweizerbart'sche Verlagsbuchhandlung (Nägele und Obermiller); www.schweizerbart.de/series/geoljb
1.25, 6.03	Fig. 3(a), Fig. 3(f) aus von Gosen und Loske (2004)	Elsevier Ltd. (nach STM-Vereinbarung). © 2004 Elsevier Ltd.
3.01, 3.02, 3.03, 3.15, 3.16, 3.20, 3.23, 3.24, 3.26, 3.27, 3.29, 3.34, 3.36, 3.37, 3.38, 3.56, 3.68, 4.05, 4.06, 4.34, 4.35, 4.50, 7.03	Abb. 5.2, 5.7, 5.11, Abb. S. 47 (ohne Abb. -Nr.), 6.5, 6.10, 7.12, 7.17, 7.18, 7.23, 8.11, 8.35, 8.20, 8.21, 8.25, 8.26, 8.36, 8.37, 8.38, 10.14, 10.29b, 10.30, 10.33, 11.2, 11.18 aus Reuther (2012)	Springer Spektrum Heidelberg. © Springer-Verlag Berlin Heidelberg 2012
3.09, 3.28, 3.47, 4.62	Abb. 37, 63, 246, 423 aus Huch und Tessensohn (2013)	Verlag Dr. Friedrich Pfeil, München
3.21	Foto „27661-60_Martinsloch.jpg" von IG UNESCO-Weltnaturerbe Tektonikarena Sardona (siehe auch www.unesco-sardona.ch	IG UNESCO-Weltnaturerbe Tektonikarena Sardona
3.40	Fig. 2a aus Neben et al. (2006)	Polarforschung, Bremerhaven
4.10	Fig. 13(b) aus von Gosen und Piepjohn (2003)	Wiley Global Permissions, John Wiley & Sons Inc. Copyright 2003 by the American Geophysical Union
4.13	Fig. 15 aus Tessensohn et al. (2001)	E. Schweizerbart'sche Verlagsbuchhandlung (Nägele und Obermiller); www.schweizerbart.de/series/geoljb
4.16	Fig. 1(b) aus Zulauf et al. (2017)	Elsevier Ltd. (nach STM-Vereinbarung). © 2017 Elsevier Ltd.
4.25, 4.56	Bild 31, 32a, 54 aus Möbus (1989)	Veronika Möbus
4.25, 4.56, 7.01	Figs. 7-18, 7-24, 7-25, 10-13, 3-44 aus Ramsay (1967)	John G. Ramsay
4.29	Abb. 24 aus Kleinschmidt und Skinner (1981)	E. Schweizerbart'sche Verlagsbuchhandlung (Nägele und Obermiller); www.schweizerbart.de/series/geoljb

W. von Gosen et al., *Tektonische Strukturen und ihre Interpretation - Ein Bildatlas*,
https://doi.org/10.1007/978-3-662-48240-7

Abb.-Nr. im Atlas	Verwendete Original-Abb. (auch verändert) aus Quelle (siehe Literaturverzeichnis)	Copyright und Erlaubnis zur Verwendung der Original-Abb. von
4.31	Fig. 3.6 aus Lisle (2004)	Elsevier / Global Book Production. © Richard J. Lisle 1995, 2004
5.01	Fig. 10 aus GANOVEX Team (1987)	E. Schweizerbart'sche Verlagsbuchhandlung (Nägele und Obermiller); www.schweizerbart.de/series/geoljb
5.08	Fig 9(a) aus von Gosen und Prozzi (2010)	Wiley Global Permissions, John Wiley & Sons Inc. Copyright 2010 by the American Geophysical Union
5.11	„Brechung der Schieferung" aus Weber (1972)	E. Schweizerbart'sche Verlagsbuchhandlung (Nägele und Obermiller); www.schweizerbart.de/publications/9783510964994
5.12, 5.17	Plate 2. B, Plate 2. A aus von Gosen et al. (1990)	Springer Nature. © 1990, Ferdinand Enke Verlag Stuttgart
5.48	Abb. 8 aus Kleinschmidt (1997)	Senckenberg Gesellschaft für Naturforschung, Frankfurt
7.12	Abb. 9b aus Kleinschmidt et al. (2003)	Polarforschung, Bremerhaven
7.15	Tafel 3, Abb. 3 aus Pilger und Schmidt (1957)	Hessisches Landesamt für Bodenforschung, Wiesbaden
10.03	Tafel IVa aus Kleinschmidt (2001)	Carl Friedrich von Siemens Stiftung
10.13	Fig. 8(e) aus von Gosen et al. (2012)	E. Schweizerbart'sche Verlagsbuchhandlung (Nägele und Obermiller); www.schweizerbart.de/journals/zdgg
10.25	Abb. 24 aus Buggisch et al. (1994)	Polarforschung, Bremerhaven